U0691342

桃种质资源与省力化生态栽培技术

胡留申　李春曦　熊　帅 ◎ 主编

北方联合出版传媒（集团）股份有限公司

辽宁科学技术出版社

图书在版编目(CIP)数据

桃种质资源与省力化生态栽培技术 / 胡留申 , 李春曦 , 熊帅主编 . -- 沈阳 : 辽宁科学技术出版社 , 2025.

1. -- ISBN 978-7-5591-3857-6

Ⅰ . S662.1

中国国家版本馆 CIP 数据核字第 2024MV0355 号

出版发行：　辽宁科学技术出版社

　　　　　　（地址：沈阳市和平区十一纬路 25 号　邮编：110003）

印　刷　者：　沈阳丰泽彩色包装印刷有限公司

经　销　者：　各地新华书店

幅面尺寸：　170mm×240mm

印　　张：　11

字　　数：　200 千字

出版时间：　2025 年 1 月第 1 版

印刷时间：　2025 年 1 月第 1 次印刷

责任编辑：　朴海玉

封面设计：　张玉洁

责任校对：　韩欣桐

书　　号：　ISBN 978-7-5591-3857-6

定　　价：　88.00 元

联系编辑：　024 - 23284372

投稿信箱：　117123438@qq.com

桃种质资源与省力化生态栽培技术

编写委员会

主　编：　胡留申　　李春曦　　熊　帅

副主编：　沈晋楠　　鲁　莹　　顾志新

前　言

　　桃原产我国，具有适应性强、分布广、易栽培管理、果实营养丰富、风味独特、适口性好等特点，深受全国人民喜爱。经过改革开放以来农业结构的不断调整和优化，桃产业已成为全国农业增效、农民增收和生态改善的农业经济优势产业，也日趋成为以桃拓产业、以桃聚人气、以桃扬文化的现代农业的重要组成部分。

　　种源是重塑产业优势可供考虑的优先突破方向，以探寻破除桃种源产业发展瓶颈为突破口，优化桃品种布局，提升科技能级，通过资源、要素、技术优势集成，配套落实政策保障，才可确保桃产业持续健康发展。本书是以上海地区桃树为例，主要介绍桃种质资源和省力化生态栽培种植技术。上海是中国南方系水蜜桃品种群的重要起源之一，明代时上海栽培出优质水蜜桃，一时间声名大噪，逐渐走进大众视野。如今国内著名的阳山水蜜桃和奉化水蜜桃，国外的品种如日本冈山白、美国爱保太、红港等，都可以称得上是上海水蜜桃的后代，如今上海的"南汇水蜜桃""奉贤黄桃""金山蟠桃"均是国家地理标志产品。可见，重振上海桃产业意义重大。

　　目前，上海地区桃普遍存在品种上市时间集中、抗病性弱、品质退化等缺点，如不及时采收上市，果实会因软化、脱落而失去商品价值，造成巨大的经济损失；另外，面对城市化发展步伐的加快，观赏桃因具有较强的观赏价值也备受市场青睐。因此，收集和培育更多优质、色艳、丰产的桃品种，促进早、中、晚熟品种的合理优化，可缓解当前生产上桃品种普遍存在的问题，同时增加观赏桃种质资源数量，进一步发挥其城市绿化美化功能。

为加快上海乃至长三角区域桃种质资源发展步伐，上海市浦东新区已建立150余亩的国家高标准桃特色种质资源圃，历经近20年时间分别到山东、安徽、河南、浙江、江苏、四川、湖南等地考察，引进国内外桃树品种160余份，结合本地选育保存的品种50余份，总保存数量已超200余份。其中普通毛桃品种150余份，油桃品种近20份，观赏桃品种近40份。并且在配套技术上加大开发力度，注重桃全生长周期观测与管理，结合进行省力化生态栽培模式应用，为桃产业现代化发展提供技术支撑。

　　相信，新优品种引进与筛选必将对南方桃品种群结构调整起到重大作用。一方面可通过培育优良品种，拉长桃果实上市时间，解决目前长三角地区桃大面积集中上市造成的果农卖果难问题；另一方面通过品种结构的调优和省力化生态栽培技术的应用，可提高果品质量、商品价值，增加果农收入，促进桃产业可持续发展。

编者

2024 年 7 月

目 录

第一章　桃种质资源介绍 ……………………………………… 1

　第一节　普通毛桃品种 ………………………………………… 1

　第二节　油桃品种 …………………………………………… 79

　第三节　蟠桃品种 …………………………………………… 88

　第四节　观赏桃品种 ………………………………………… 111

第二章　省力化生态栽培种植技术 ……………………… 126

　第一节　桃苗繁育与省力化幼树培育 …………………… 127

　第二节　老桃园高标准改良与修复 ……………………… 134

　第三节　省力化生态栽培种植 …………………………… 139

　第四节　桃绿色综合防控 ………………………………… 152

第一章　桃种质资源介绍

第一节　普通毛桃品种

一、白丽

1. 植物学性状

树势中庸，树姿开张。多年生枝为褐色，一年生枝阳面暗红色，阴面暗绿色，节间长 2.17cm，复花芽起始节为 1～3 节。叶片长宽披针形，粗锯齿，叶尖渐尖，叶基广楔形，叶脉为不明显网状，叶色深绿色，平均叶长 10.4cm，叶宽 3.1cm，叶柄长 0.86cm。花为蔷薇形，花瓣粉红色，花粉量大。

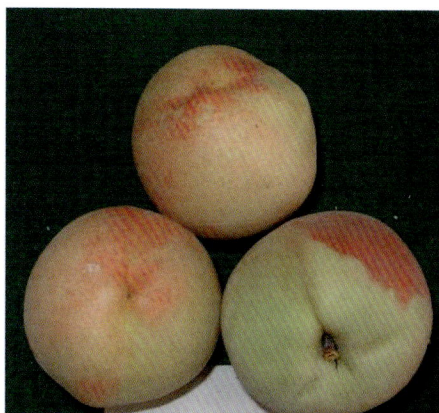

图 1-1　白丽（果实特性）

2. 果实经济性状

果实近圆形，整齐，缝合线浅，两侧对称，果顶圆凸。果个中等，平均单果重 225g，最大果重 245g。成熟时果面底色黄白色，表色红色，茸毛粗、密（图 1-1～图 1-2）。果皮易剥离，果肉为白色，肉质软溶，汁液多，味浓甜，无苦涩味，有香味，可溶性固形物含量达 13% 以上，粘核，不裂。

3. 生长结果习性

树势中等，萌芽率高，成枝力较强，自花结实，坐果率较高。

4. 物候期

在上海地区，叶芽萌动期为2月底，3月中旬为露红期，3月下旬为初花期，花期持续7～8天，4月中旬为展叶期。4月中下旬花萼脱落，7月底至8月初果实成熟，从盛花到果实成熟115天左右，11月中旬为落叶期。

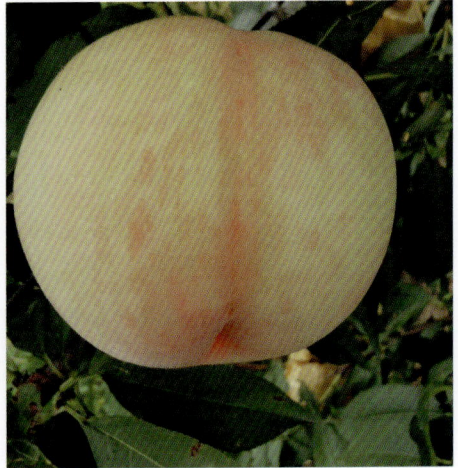
图 1-2 白丽（近照）

二、朝晖

1. 植物学性状

树势稍强，树姿开张。多年生枝为褐色，一年生枝阳面暗红色，阴面暗绿色，节间长2.49cm，复花芽起始节为1～3节。叶片长椭圆披针形，粗锯齿，叶尖渐尖，叶基广楔形，叶脉为不明显网状，叶色深绿色，平均叶长15.31cm，叶宽4.2cm，叶柄长0.85cm。花为蔷薇形，花瓣粉红色，有花粉。

图 2-1 朝晖（果实特性）

2. 果实经济性状

果实圆形，整齐，缝合线浅，两侧稍不对称，果顶圆凸。平均单果重232g，最大果重252g。成熟时果面底色黄绿色，表色红色，茸毛粗、密（图2-1～图2-2）。果皮易剥离，果肉为白色，肉质较软，味浓甜，香味淡，可溶性固形物含量为12.3%，粘核，不裂。

3.生长结果习性

树势中等，萌芽率高，成枝力较强，自花结实能力强，坐果率较高。

4.物候期

在上海地区，叶芽萌动期为2月底，3月中旬为露红期，3月下旬为初花期，花期持续8天左右，4月中旬为展叶期。4月下旬花萼脱落，7月中旬果实成熟，从盛花到果实成熟105天左右，11月中旬为落叶期。

图2-2 朝晖（近照）

三、东溪小仙桃

1.植物学性状

树势强，树姿开张。多年生枝为褐色，一年生枝阳面紫红色，阴面暗绿色，节间长2.5cm，复花芽起始节为1～3节。叶片长宽披针形，粗锯齿，叶尖渐尖，叶基广楔形，叶脉为不明显网状，叶色深绿色，平均叶长15.9cm，叶宽4.4cm，叶柄长0.91cm。花为蔷薇形，花瓣粉红色，花粉多。

2.果实经济性状

果实近圆形，整齐，缝合线

图3-1 东溪小仙桃（果实特性）

浅，两侧较对称，果顶圆凸。果个小，平均单果重158g，最大果重196g。成熟时果面底色绿色，表色红色，茸毛粗、密（图3-1～图3-2）。果皮易剥离，果肉为白色，肉质软溶，汁液多，味浓甜，香味淡，可溶性固形物含量为13.5%，粘核，不裂。

3. 生长结果习性

树势稍强，萌芽率高，成枝力较强，自花结实，坐果率较高。

图3-2 东溪小仙桃（近照）

4. 物候期

在上海地区，叶芽萌动期为2月下旬，3月中旬为露红期，3月中下旬为初花期，花期持续7～8天，4月上旬为展叶期。4月中下旬花萼脱落，6月上旬果实成熟，从盛花到果实成熟62天左右，11月中旬为落叶期。

四、丰白

1. 植物学性状

树势稍强，树姿开张。多年生枝为褐色，一年生枝阳面暗红色，阴面暗绿色，节间长2.18cm，复花芽起始节为1～3节。叶片长披针形，粗锯齿，叶尖渐尖，叶基广楔形，叶脉为不明显网状，叶色深绿色，

图4-1 丰白（果实特性）

平均叶长 16.12cm，叶宽 3.96cm，叶柄长 0.98cm。花为蔷薇形，花瓣粉红色，无花粉。

2. 果实经济性状

果实近圆形，整齐，缝合线浅，两侧对称，果顶圆平。平均单果重 226g，最大果重 265g。成熟时果面底色黄绿色，表色红色，茸毛粗、密（图 4-1～图 4-2）。果皮易剥离，果

图 4-2 丰白（近照）

肉为白色，肉质较软，汁液一般，味浓甜，可溶性固形物含量为 12% 以上，粘核，不裂。

3. 生长结果习性

树势强健，萌芽率高，成枝力较强，自花不结实，需配授粉树。

4. 物候期

在上海地区，叶芽萌动期为 2 月下旬，3 月中旬为露红期，3 月底为初花期，花期持续 8～10 天，4 月中旬为展叶期。4 月下旬花萼脱落，8 月上旬果实成熟，从盛花到果实成熟 125 天左右，11 月中旬为落叶期。

五、华玉

1. 植物学性状

树势较强，树姿开张。多年生枝为褐色，一年生枝阳面暗红色，阴面暗绿色，节间长 2.36cm，复花芽起始节为 1～3 节。叶片长宽披针形，粗锯齿，叶尖渐尖，叶

图 5-1 华玉（果实特性）

5

基广楔形，叶脉为不明显网状，叶色深绿色，平均叶长17.25cm，叶宽4cm，叶柄长0.69cm。花为蔷薇形，花瓣粉红色，无花粉。

2.果实经济性状

果实近圆形，整齐，缝合线浅，两侧较对称，果顶圆凸。平均单果重300g，最大果重438g。成熟时果面底色绿色，表色红色，茸毛粗、密（图6-1～图6-2）。果肉为

图5-2　华玉（近照）

白色，肉质较软，汁液较多，味浓甜，无苦涩味，可溶性固形物含量为13.6%以上，粘核，不裂。

3.生长结果习性

树势偏强，萌芽率高，成枝力较强，自花不结实，需配授粉树。

4.物候期

在上海地区，叶芽萌动期为2月底，3月中旬为露红期，3月下旬为初花期，花期持续8～10天，4月上旬为展叶期。4月中旬花萼脱落，8月中下旬果实成熟，从盛花到果实成熟130天左右，11月中旬为落叶期。

六、黄金蜜1号

1.植物学性状

树势中庸，树姿开张。多年生枝为褐色，一年生枝阳面暗红色，阴面暗绿色，节间长2.17cm，复花芽起始节为1～3节。叶片长宽披针形，粗锯齿，叶尖渐尖，叶基广楔形，叶脉为不明显网状，叶色深绿色，平均叶长18.3cm，叶宽4.15cm，

叶柄长 1.2cm。花为蔷薇形，花瓣粉红色，花粉多。

2. 果实经济性状

果实圆形，整齐，缝合线浅，两侧对称，果顶圆平。果个小，平均单果重 175g，最大果重 210g。成熟时果面底色黄色，表色暗红色，茸毛粗、密（图 7-1～图 7-2）。果皮易剥离，果肉黄色，肉质软溶，汁液多，味浓甜，可溶性固形物含量为 11.5% 以上，粘核，不裂。

3. 生长结果习性

树势中等，萌芽率高，成枝力较强，自花结实，坐果率较高。

4. 物候期

在上海地区，叶芽萌动期为 2 月中旬，3 月中旬为露红期，3 月中下旬为初花期，花期持续 7～8 天，4 月上旬为展叶期。4 月中下旬花萼脱落，6 月上旬果实成熟，从盛花到果实成熟 60 天左右，11 月中旬为落叶期。

图 6-1　黄金蜜 1 号（果实特性）

图 6-2　黄金蜜 1 号（近照）

七、黄金蜜4号

1. 植物学性状

树势稍强，树姿开张。多年生枝为褐色，一年生枝阳面暗红色，阴面暗绿色，节间长2.49cm，复花芽起始节为1～3节。叶片长宽披针形，粗锯齿，叶尖渐尖，叶基广楔形，叶脉为不明显网状，叶色深绿色，平均叶长16.22cm，叶宽4.2cm，叶柄长0.88cm。花为蔷薇形，花瓣粉红色，有花粉。

图7-1 黄金蜜4号（果实特性）

2. 果实经济性状

果实圆形，整齐，缝合线浅，两侧较对称，果顶圆平，平均单果重246g，最大果重352g。成熟时果面底色黄色，表色暗红色，茸毛粗、密（图8-1～图8-2）。果皮不易剥离，果肉黄色，肉质较硬，味浓甜，无苦涩味，可溶性固形物含量为13.6%，粘核，不裂。

3. 生长结果习性

树势稍强，萌芽率高，成枝力较强，自花结实，坐果率较高。

4. 物候期

在上海地区，叶芽萌动期为

图7-2 黄金蜜4号（近照）

2月底，3月下旬为露红期，3月底为初花期，花期持续7～8天，4月下旬为展叶期。4月下旬花萼脱落，8月下旬果实成熟，从盛花到果实成熟140天左右，11月中旬为落叶期。

八、晖雨露

1. 植物学性状

树势较强，树姿开张。多年生枝为褐色，一年生枝阳面暗红色，阴面暗绿色，节间长 2.47cm，复花芽起始节为 2～4 节。叶片长椭圆披针形，粗锯齿，叶尖渐尖，叶基广楔形，叶脉为不明显网状，叶色深绿色，平均叶长 15.16cm，叶宽 3.67cm，叶柄长 0.83cm。花为蔷薇形，花瓣粉红色，花粉多。

图 8-1 晖雨露（果实特性）

2. 果实经济性状

果实近圆形，整齐，缝合线浅，两侧较对称，果顶圆凸。果个中等，平均单果重 215g，最大果重 245g。成熟时果面底色为黄白色，表色为红色，茸毛粗、密（图 9-1～图 9-2）。果皮易剥离，果肉为白色，肉质软溶，汁液多，味浓甜，无苦涩味，香味淡，可溶性固形物含量为 13%，粘核，不裂。

3. 生长结果习性

树势较强，萌芽率高，成枝力较强，自花结实，坐果率较高。

4. 物候期

在上海地区，叶芽萌动期为 2月底，3 月下旬为露红期，3 月下旬为初花期，花期持续 7～10 天，

图 8-2 晖雨露（近照）

4 月中旬为展叶期。4 月下旬花萼脱落，6 月下旬果实成熟，从盛花到果实成熟 80 天左右，11 月中旬为落叶期。

九、京红水蜜

1. 植物学性状

树势中庸，树姿开张。多年生枝为褐色，一年生枝阳面暗红色，阴面暗绿色，节间长 3.3cm，复花芽起始节为 1 ～ 3 节。叶片长宽披针形，粗锯齿，叶尖渐尖，叶基广楔形，叶脉为不明显网状，叶色深绿色，平均叶长 15.28cm，叶宽 4.05cm，叶柄长 0.89cm。花为蔷薇形，花瓣粉红色，有花粉。

图 9-1　京红水蜜（果实特性）

2. 果实经济性状

果实近圆形，缝合线浅，两侧较对称，果顶圆平。果个中等，平均单果重 210g，最大果重 235g。成熟时果面底色为绿色，表色为红色，茸毛密（图 10-1 ～图 10-2）。果皮易剥离，果肉为白色，肉质软溶，汁液多，味浓甜，无苦涩味，可溶性固形物含量为 13.3%，粘核，不裂。

3. 生长结果习性

树势中庸，萌芽率高，成枝力较强，自花结实，坐果率较高。

4. 物候期

在上海地区，叶芽萌动期为 3 月初，3 月中下旬为露红期，3 月下旬为初花期，

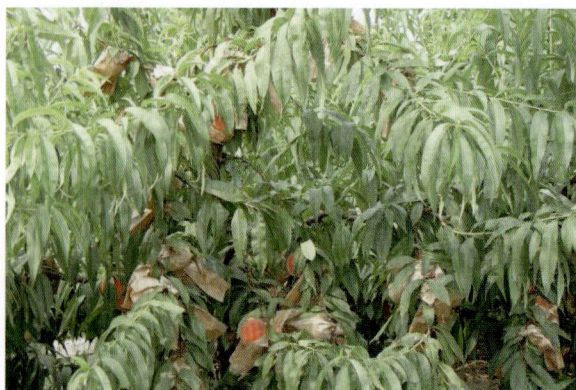
图 9-2　京红水蜜（近照）

花期持续 8 ～ 10 天，4 月中旬为展叶期。4 月下旬花萼脱落，7 月中下旬果实成熟，从盛花到果实成熟 110 天左右，11 月中旬为落叶期。

十、良露

1. 植物学性状

树势中庸，树姿开张。多年生枝为褐色，一年生枝阳面暗红色，阴面暗绿色，节间长 2.33cm，复花芽起始节为 1 ～ 3 节。叶片长宽披针形，粗锯齿，叶尖渐尖，叶基广楔形，叶脉为不明显网状，叶色深绿色，平均叶长 16.18cm，叶宽 3.82cm，叶柄长 0.92cm。花为蔷薇形，花瓣粉红色，有花粉。

图 10-1　良露（果实特性）

2. 果实经济性状

果实近圆形，整齐，缝合线浅或中，两侧较对称，果顶圆平。果个大，平均单果重 235g，最大果重 280g。成熟时果面底色为绿色，表色为淡红色，茸毛密（图 11-1 ～图 11-2）。果皮易剥离，果肉为白色，肉质较软，味浓甜，无苦涩味，可溶性固形物含量为 13.5% 以上，粘核，不裂。

3. 生长结果习性

树势较强，萌芽率高，成枝力较强，自花结实，坐果率较高。

4. 物候期

在上海地区，叶芽萌动期为 3 月初，3 月下旬为露红期，3 月下旬为初

图 10-2　良露（近照）

花期，花期持续 7 ～ 10 天，4 月中旬为展叶期。4 月下旬花萼脱落，8 月中旬果实成熟，从盛花到果实成熟 130 天左右，11 月中旬为落叶期。

十一、浦甜 2 号

1. 植物学性状

树势中庸，树姿开张。多年生枝为褐色，一年生枝阳面暗红色，阴面暗绿色，节间长 2.5cm，复花芽起始节为 1～3 节。叶片长宽披针形，粗锯齿，叶尖渐尖，叶基广楔形，叶脉为不明显网状，叶色为深绿色，平均叶长 15.24cm，叶宽 3.84cm，叶柄长 0.91cm。花为蔷薇形，花瓣粉红色，无花粉。

图 11-1　浦甜 2 号（果实特性）

2. 果实经济性状

果实圆形，整齐，缝合线浅，两侧对称，果顶圆平。平均单果重 225g，最大果重 275g。成熟时果面底色黄绿色，表色暗红色，茸毛密（图 12-1～图 12-2）。果皮易剥离，果肉为黄色，肉质较软，味浓甜，无苦涩味，香味淡，可溶性固形物含量 12.5% 以上，粘核，不裂。

3. 生长结果习性

树势中等，萌芽率高，成枝力较强，自花不结实，需配授粉树。

4. 物候期

在上海地区，叶芽萌动期为 2 月

图 11-2　浦甜 2 号（近照）

下旬，3 月中旬为露红期，3 月下旬为初花期，花期持续 7～10 天，4 月中旬为展叶期。4 月中下旬花萼脱落，7 月底 8 月初果实成熟，从盛花到果实成熟 120 天左右，11 月中旬为落叶期。

十二、清泉玉露

1. 植物学性状

树势较强，树姿开张。多年
生枝为褐色，一年生枝阳面暗红
色，阴面暗绿色，节间长 2.41cm，
复花芽起始节为 1 ～ 3 节。叶
片长宽披针形，粗锯齿，叶尖渐
尖，叶基广楔形，叶脉为不明
显网状，叶色深绿色，平均叶
长 16.04cm，叶宽 3.71cm，叶柄长
1.02cm。花为蔷薇形，花瓣粉红色，有花粉。

图 12-1 清泉玉露（果实特性）

2. 果实经济性状

果实近圆形，整齐，缝合线中，两侧较对称。平均单果重 220g，最大果
重 265g。成熟时果面底色为绿色，表色为红色，茸毛密（图 13-1 ～图 13-2）。
果皮易剥离，果肉为白色，肉质软溶，汁液多，味浓甜，有香味，可溶性固形
物含量为 13% 以上，粘核，不裂。

3. 生长结果习性

树势较强，萌芽率高，成枝力
较强，自花结实，坐果率较高。

4. 物候期

在上海地区，叶芽萌动期为 2
月下旬，3 月中旬为露红期，3 月下
旬为初花期，花期持续 7 ～ 9 天，4
月上中旬为展叶期。4 月下旬花萼脱
落，7 月中下旬果实成熟，从盛花到
果实成熟 105 天左右，11 月中旬为落叶期。

图 12-2 清泉玉露（近照）

十三、晚红露

1. 植物学性状

树势稍强，树姿开张。多年生枝为褐色，一年生枝阳面暗红色，阴面暗绿色，节间长 2.1cm，复花芽起始节为 2～3 节。叶片长宽披针形，粗锯齿，叶尖渐尖，叶基广楔形，叶脉为不明显网状，叶色深绿色，平均叶长 15.5cm，叶宽 3.6cm，叶柄长 0.9cm。花为蔷薇形，花瓣粉红色，有花粉。

图 13-1　晚红露（果实特性）

2. 果实经济性状

果实圆形，整齐，缝合线浅，两侧对称，果顶圆平。平均单果重 228g，最大果重 255g。成熟时果面底色绿色，表色红色，茸毛密（图 14-1～图 14-2）。果皮易剥离，果肉为白色，肉质软溶，汁液多，味浓甜，有香味，可溶性固形物含量为 14% 以上，粘核，不裂。

3. 生长结果习性

树势稍强，萌芽率高，成枝力较强，自花结实，坐果率较高。

4. 物候期

在上海地区，叶芽萌动期为 2 月底，3 月中旬为露红期，3 月下旬为初花期，花期持续 8～10 天，4 月中旬为展叶期。4 月中下旬花萼脱落，7 月下旬果实成熟，从盛花到果实成熟 115 天左右，11 月中旬为落叶期。

图 13-2　晚红露（近照）

十四、西圃大玉露

1. 植物学性状

树势较强，树姿开张。多年生枝为褐色，一年生枝阳面暗红色，阴面暗绿色，节间长 2.95cm，复花芽起始节为 1 ～ 3 节。叶片长宽披针形，粗锯齿，叶尖渐尖，叶基广楔形，叶脉为不明显网状，叶色深绿色，平均叶长 15.23cm，叶宽 3.67cm，叶柄长 1.05cm。花为蔷薇形，花瓣粉红色，有花粉。

图 14-1　西圃大玉露（果实特性）

2. 果实经济性状

果实圆形，整齐，缝合线中，两侧较对称，果顶圆平。平均单果重 195g，最大果重 225g。成熟时果面底色黄绿色，表色红色，茸毛粗（图 15-1 ～ 图 15-2）。果皮易剥离，果肉为白色，肉质软溶，汁液多，味浓甜，无苦涩味，有香味，可溶性固形物含量为 13.6%，粘核，不裂。

3. 生长结果习性

树势中等，萌芽率高，成枝力较强，自花结实，坐果率较高。

4. 物候期

在上海地区，叶芽萌动期为 2 月底，3 月中下旬为露红期，3 月下旬为初花期，花期持续 7 ～ 10 天，4 月中旬为展叶期。4 月下旬花萼脱落，8 月上中旬果实成熟，从盛花到果实成熟 120 天左右，11 月中旬为落叶期。

图 14-2　西圃大玉露（近照）

十五、霞晖 2 号

1. 植物学性状

树势中庸，树姿开张。多年生枝为褐色，一年生枝阳面暗红色，阴面暗绿色，节间长 2.38cm，复花芽起始节为 1～3 节。叶片长宽披针形，粗锯齿，叶尖渐尖，叶基广楔形，叶脉为不明显网状，叶色深绿色，平均叶长 17.3cm，叶宽 4.06cm，叶柄长 0.89cm。花为蔷薇形，花瓣粉红色，有花粉。

图 15-1　霞晖 2 号（果实特性）

2. 果实经济性状

果实圆形，整齐，缝合线浅，两侧对称，果顶圆平。平均单果重 140g，最大果重 185g。成熟时果面底色乳黄色，表色为淡红色或乳白色（图 16-1～图 16-2）。果皮易剥离，果肉为白色，肉质软溶，汁液多，味浓甜，有香味，可溶性固形物含量为 13% 以上，粘核，不裂。

3. 生长结果习性

树势中等，萌芽率高，成枝力较强，自花结实，坐果率高。

4. 物候期

在上海地区，叶芽萌动期为 2 月底，3 月中旬为露红期，3 月中下旬为初花期，花期持续 7～9 天，4 月中旬为展叶期。4 月中下旬花萼脱落，6 月上旬果实成熟，从盛花到果实成熟 65 天左右，11 月中旬为落叶期。

图 15-2　霞晖 2 号（近照）

十六、霞晖 5 号

1. 植物学性状

树势稍强，树姿开张。多年生枝为褐色，一年生枝阳面暗红色，阴面暗绿色，节间长 2.5cm，复花芽起始节为 1 ～ 3 节。叶片长宽披针形，粗锯齿，叶尖渐尖，叶基广楔形，叶脉为不明显网状，叶色深绿色，平均叶长 18.31cm，叶宽 4.25cm，叶柄长 1cm。花为蔷薇形，花瓣粉红色，有花粉。

图 16-1　霞晖 5 号（果实特性）

2. 果实经济性状

果实近圆形，整齐，缝合线浅，两侧较对称，果顶圆平。平均单果重 215g，最大果重 265g。成熟时果面底色乳黄色，表色浅红色，茸毛粗、密（图 17-1 ～图 17-2）。果皮易剥离，果肉为白色，肉质软溶，汁液多，味浓甜，可溶性固形物含量为 13% 以上，粘核，不裂。

3. 生长结果习性

树势强健，萌芽率高，成枝力较强，自花结实，坐果率高。

4. 物候期

在上海地区，叶芽萌动期为 2 月下旬，3 月中旬为露红期，3 月中下旬为初花期，花期持续 9 ～ 10 天，4 月中旬为展叶期。4 月下旬花萼脱落，7 月上中旬果实成熟，从盛花到果实成熟 100 天左右，11 月中旬为落叶期。

图 16-2　霞晖 5 号（近照）

十七、霞晖6号

1. 植物学性状

树势中庸，树姿半开张。多年生枝为褐色，一年生枝阳面暗红色，阴面暗绿色，节间长2.4cm，复花芽起始节为1～3节。叶片长宽披针形，粗锯齿，叶尖渐尖，叶基广楔形，叶脉为不明显网状，叶色深绿色，平均叶长17.48cm，叶宽3.92cm，叶柄长0.97cm。花为蔷薇形，花瓣粉红色，有花粉。

图 17-1　霞晖6号（近照）

2. 果实经济性状

果实椭圆形，整齐，缝合线浅，两侧较对称，果顶圆平。平均单果重220g，最大果重270g。成熟时果面底色为乳黄色，表色为红色，茸毛粗、密（图18-1～图18-2）。白色果肉，肉质较硬，味浓甜，无苦涩味，可溶性固形物含量为12%以上，粘核，不裂。

3. 生长结果习性

树势中庸，萌芽率高，成枝力较强，自花结实，坐果率较高。

4. 物候期

在上海地区，叶芽萌动期为2月底，3月下旬为露红期，3月底为初花期，花期持续8～10天，

图 17-2　霞晖6号（果实特性）

4月上中旬为展叶期。4月中下旬花萼脱落，7月中下旬果实成熟，从盛花到果实成熟105天左右，11月中旬为落叶期。

十八、霞晖 8 号

1. 植物学性状

树势稍强，树姿开张。多年生枝为褐色，一年生枝阳面暗红色，阴面暗绿色，节间长 2.52cm，复花芽起始节为 1～3 节。叶片长宽披针形，粗锯齿，叶尖渐尖，叶基广楔形，叶脉为不明显网状，叶色深绿色，平均叶长 16.9cm，叶宽 4.19cm，叶柄长 0.98cm。花为蔷薇形，花瓣粉红色，有花粉。

图 18-1 霞晖 8 号（果实特性）

2. 果实经济性状

果实近圆形，整齐，缝合线中，两侧较对称，果顶圆平。果个极大，平均单果重 255g，最大果重 310g。成熟时果面底色绿黄色，表色粉红色，茸毛粗、密（图 19-1～图 19-2）。果皮不易剥离，果肉为白色，肉质硬，味浓甜，无苦涩味，可溶性固形物含量为 14.5%，不裂。

3. 生长结果习性

树势稍强，萌芽率高，成枝力较强，自花结实，坐果率较高。

4. 物候期

在上海地区，叶芽萌动期为 2 月底，3 月中旬为露红期，3 月下

图 18-2 霞晖 8 号（近照）

旬为初花期，花期持续 7～10 天，4 月中旬为展叶期。4 月下旬花萼脱落，8 月中旬果实成熟，从盛花到果实成熟 130 天左右，11 月中旬为落叶期。

十九、新玉

1. 植物学性状

树势强健，树姿开张。多年生枝为褐色，一年生枝阳面暗红色，阴面暗绿色，节间长 2.48cm，复花芽起始节为 1～3 节。叶片长宽披针形，粗锯齿，叶尖渐尖，叶基广楔形，叶脉为不明显网状，叶色深绿色，平均叶长 16.82cm，叶宽 4cm，叶柄长 0.89cm。花为蔷薇形，花瓣粉红色，有花粉。

图 19-1　新玉（果实特性）

2. 果实经济性状

果实近圆形，整齐，缝合线浅，两侧较对称，果顶圆凸。果个极大，平均单果重 230g，最大果重 330g。成熟时果面底色乳黄色，表色红色，茸毛粗、密（图 20-1～图 20-2）。果皮易剥离，果肉为白色，肉质软溶，汁液多，味浓甜，无苦涩味，香味淡，可溶性固形物含量为 13.5% 以上，粘核，不裂。

3. 生长结果习性

树势强健，萌芽率高，成枝力较强，自花结实，坐果率较高。

4. 物候期

在上海地区，叶芽萌动期为 2 月下旬，3 月中下旬为露红期，3 下

图 19-2　新玉（近照）

旬为初花期，花期持续 7～10 天，4 月中旬为展叶期。4 月下旬花萼脱落，7 月下旬果实成熟，从盛花到果实成熟 110 天左右，11 月中旬为落叶期。

二十、银河

1. 植物学性状

树势较强，树姿开张。多年生枝为褐色，一年生枝阳面暗红色，阴面暗绿色，节间长 2.51cm，复花芽起始节为 1～3 节。叶片长宽披针形，粗锯齿，叶尖渐尖，叶基广楔形，叶脉为不明显网状，叶色深绿色，平均叶长 14.52cm，叶宽 4.02cm，叶柄长 0.87cm。花为蔷薇形，花瓣粉红色，有花粉。

图 20-1　银河（果实特性）

2. 果实经济性状

果实近圆形，整齐，缝合线浅，两侧较对称，果顶圆凹。平均单果重 165g，最大果重 205g。成熟时果面底色黄绿色，表色红色，茸毛密（图 21-1～图 21-2）。果肉为白色，肉质软溶，汁液多，无苦涩味，可溶性固形物含量为 11.5%，粘核，不裂。

3. 生长结果习性

树势较强，萌芽率高，成枝力较强，自花结实，坐果率较高。

4. 物候期

在上海地区，叶芽萌动期为 2 月下旬，3 月中旬为露红期，3 月中下旬为初花期，花期持续 7～10 天，4 月中旬为展叶期。4 月中下旬花萼脱落，6 月上旬果

图 20-2　银河（近照）

实成熟，从盛花到果实成熟 65 天左右，11 月中旬为落叶期。

二十一、雨花 2 号

1. 植物学性状

树势强健，树姿开张。多年生枝为褐色，一年生枝阳面暗红色，阴面暗绿色，节间长 2.51cm，复花芽起始节为 1～3 节。叶片长宽披针形，粗锯齿，叶尖渐尖，叶基广楔形，叶脉为不明显网状，叶色深绿色，平均叶长 18.51cm，叶宽 4.65cm，叶柄长 0.9cm。花为蔷薇形，花瓣粉红色，无花粉。

图 21-1　雨花 2 号（果实特性）

2. 果实经济性状

果实圆形，整齐，缝合线浅，两侧较对称，果顶圆平。平均单果重 240g，最大果重 305g。成熟时果面底色为绿黄色，表色为浅红色，茸毛粗、密（图 22-1～图 22-2）。果皮易剥离，白色果肉，肉质较硬，味浓甜，无苦涩味，可溶性固形物含量为 12.2%，粘核，不裂。

3. 生长结果习性

树势强健，萌芽率高，成枝力较强，自花不结实，需配置授粉树。

4. 物候期

在上海地区，叶芽萌动期为 2 月底，3 月下旬为露红期，3 月底为初花期，花期持续 8～9 天，4 月中旬为展叶期。4 月下旬花萼脱落，

图 21-2　雨花 2 号（近照）

7 月底至 8 月初果实成熟，从盛花到果实成熟 115 天左右，11 月中旬为落叶期。

二十二、早花露

1.植物学性状

树势中庸，树姿开张。多年生枝为褐色，一年生枝阳面暗红色，阴面暗绿色，节间长2.67cm，复花芽起始节为1～3节。叶片长宽披针形，粗锯齿，叶尖渐尖，叶基广楔形，叶脉为不明显网状，叶色深绿色，平均叶长14.62cm，叶宽4.03cm，叶柄长0.91cm。花为蔷薇形，花瓣粉红色，有花粉。

图 22-1　早花露（果实特性）

2.果实经济性状

果实圆形，整齐，缝合线中，两侧较对称，果顶圆平。平均单果重105g，最大果重160g。成熟时果面底色为黄绿色，表色为浅红色，茸毛密（图23-1～图23-2）。果皮易剥离，白色果肉，肉质软溶，汁液多，味浓甜，无苦涩味，可溶性固形物含量为11%，粘核，不裂。

3.生长结果习性

树势中等，萌芽率高，成枝力较强，自花结实，坐果率较高。

图 22-2　早花露（近照）

4.物候期

在上海地区，叶芽萌动期为2月底，3月中旬为露红期，3月中旬为初花期，花期持续7～10天，4月上旬为展叶期。4月中旬花萼脱落，5月底果实成熟，从盛花到果实成熟55天左右，11月中旬为落叶期。

二十三、钟山早露

1. 植物学性状

树势稍强，树姿开张。多年生枝为褐色，一年生枝阳面暗红色，阴面暗绿色，节间长 2.18cm，复花芽起始节为 1～3 节。叶片长宽披针形，粗锯齿，叶尖渐尖，叶基广楔形，叶脉为不明显网状，叶色深绿色，平均叶长 16.23cm，叶宽 3.92cm，叶柄长 1.1cm。花为蔷薇形，花瓣粉红色，有花粉。

图 23-1　钟山早露（果实特性）

2. 果实经济性状

果实卵圆形，整齐，缝合线中，两侧较对称，果顶圆凸。平均单果重 105g，最大果重 135g。成熟时果面底色为乳白色，表色为浅红色，茸毛粗、密（图 24-1～图 24-2）。果皮易剥离，果肉为白色，肉质软溶，汁液多，味酸甜，无苦涩味，可溶性固形物含量为 10.8%，粘核，不裂。

3. 生长结果习性

树势偏强，萌芽率高，成枝力较强，自花结实，坐果率较高。

4. 物候期

在上海地区，叶芽萌动期为 2

图 23-2　钟山早露（近照）

月底，3 月中旬为露红期，3 月下旬为初花期，花期持续 7～8 天，4 月上中旬为展叶期。4 月中下旬花萼脱落，6 月上旬果实成熟，从盛花到果实成熟 65 天左右，11 月中旬为落叶期。

二十四、新白凤

1. 植物学性状

树势中庸，树姿开张。多年生枝为褐色，一年生枝阳面暗红色，阴面暗绿色，节间长 2.53cm，复花芽起始节为 1～3 节。叶片长宽披针形，粗锯齿，叶尖渐尖，叶基广楔形，叶脉为不明显网状，叶色深绿色，平均叶长 16.46cm，叶宽 3.98cm，叶柄长 0.83cm。花为蔷薇形，花瓣粉红色，有花粉。

图 24-1　新白凤（果实特性）

2. 果实经济性状

果实近圆形，整齐，缝合线浅，两侧较对称，果顶圆凹。平均单果重 225g，最大果重 270g。成熟时果面底色黄绿色，表色浅红色，茸毛粗、密（图 25-1～图 25-2）。果皮易剥离，果肉为白色，肉质较硬，味甜，可溶性固形物含量为 13.7%，粘核，不裂。

3. 生长结果习性

树势中等，萌芽率高，成枝力较强，自花结实，坐果率高。

4. 物候期

在上海地区，叶芽萌动期为 2 月下旬，3 月下旬为露红期，3 月下旬为初花期，花期持续 7～10 天，4 月中旬为展叶期。4 月下旬花萼脱落，

图 24-2　新白凤（近照）

7 月中旬果实成熟，从盛花到果实成熟 105 天左右，11 月中旬为落叶期。

二十五、晚白凤

1. 植物学性状

树势中庸，树姿开张。多年生枝为褐色，一年生枝阳面暗红色，阴面暗绿色，节间长 2.52cm，复花芽起始节为 1～3 节。叶片长宽披针形，粗锯齿，叶尖渐尖，叶基广楔形，叶脉为不明显网状，叶色深绿色，平均叶长 16.2cm，叶宽 3.92cm，叶柄长 0.91cm。花为蔷薇形，花瓣粉红色，有花粉。

图 25-1　晚白凤（果实特性）

2. 果实经济性状

果实近圆形，整齐，缝合线浅，两侧较对称，果顶圆平。平均单果重 220g，最大果重 285g。成熟时果面底色为黄绿色，表色为浅红色，茸毛粗、密（图 26-1～图 26-2）。果皮易剥离，果肉为白色，肉质软溶，汁液多，味甜，无苦涩味，可溶性固形物含量为 12.1%，粘核，不裂。

3. 生长结果习性

树势中等，萌芽率高，成枝力较强，自花结实，坐果率较高。

4. 物候期

在上海地区，叶芽萌动期为 2月下旬，3 月中下旬为露红期，3 月下旬为初花期，花期持续 8～9 天，4 月中旬为展叶期。4 月下旬花萼脱落，7 月上中旬果实成熟，从盛花到果实成熟 100 天左右，11 月中旬为落叶期。

图 25-2　晚白凤（近照）

二十六、都白凤

1. 植物学性状

树势中庸，树姿开张。多年生枝为褐色，一年生枝阳面暗红色，阴面暗绿色，节间长 2.87cm，复花芽起始节为 1～3 节。叶片长宽披针形，粗锯齿，叶尖渐尖，叶基广楔形，叶脉为不明显网状，叶色深绿色，平均叶长 13.78cm，叶宽 3.97cm，叶柄长 0.84cm。花为蔷薇形，花瓣粉红色，有花粉。

图 26-1　都白凤（果实特性）

2. 果实经济性状

果实近圆形，整齐，缝合线浅，两侧较对称，果顶圆平。平均单果重 175g，最大果重 210g。成熟时果面底色为黄绿色，表色为浅红色，茸毛密（图 27-1～图 27-2）。果皮易剥离，果肉为白色，肉质软硬，味甜，无苦涩味，可溶性固形物含量为 11.2%，粘核，不裂。

3. 生长结果习性

树势中等，萌芽率高，成枝力较强，自花结实，坐果率较高。

4. 物候期

在上海地区，叶芽萌动期为 2

图 26-2　都白凤（近照）

月底，3 月中下旬为露红期，3 月下旬为初花期，花期持续 7～9 天，4 月中旬为展叶期。4 月下旬花萼脱落，7 月中上旬果实成熟，从盛花到果实成熟 100 天左右，11 月中旬为落叶期。

二十七、白花

1. 植物学性状

树势强，树姿开张。多年生枝为褐色，一年生枝阳面暗红色，阴面暗绿色，节间长 2.97cm，复花芽起始节为 1～3 节。叶片长宽披针形，粗锯齿，叶尖渐尖，叶基广楔形，叶脉为不明显网状，叶色深绿色，平均叶长 16.07cm，叶宽 4.03cm，叶柄长 0.91cm。花为蔷薇形，花瓣粉红色，无花粉。

图 27-1　白花（果实特性）

2. 果实经济性状

果实近圆形，整齐，缝合线浅，两侧较对称，果顶圆凸。平均单果重 190g，最大果重 220g。成熟时果面底色为黄绿色，表色为浅红色，茸毛粗、密（图 28-1～图 28-2）。果皮易剥离，果肉为白色，肉质较硬，味甜，无苦涩味，可溶性固形物含量为 14.1%，粘核，不裂。

3. 生长结果习性

树势稍强，萌芽率高，成枝力较强，自花不结实，需配授粉树。

4. 物候期

在上海地区，叶芽萌动期为 2

图 27-2　白花（近照）

月底，3 月下旬为露红期，3 月底为初花期，花期持续 7～10 天，4 月中旬为展叶期。4 月下旬花萼脱落，8 月上旬果实成熟，从盛花到果实成熟 125 天左右，11 月中旬为落叶期。

二十八、新白花

1. 植物学性状

树势较强，树姿开张。多年生枝为褐色，一年生枝阳面暗红色，阴面暗绿色，节间长 2.75cm，复花芽起始节为 1～3 节。叶片长宽披针形，粗锯齿，叶尖渐尖，叶基广楔形，叶脉为不明显网状，叶色深绿色，平均叶长 14.81cm，叶宽 4.13cm，叶柄长 0.92cm。花为蔷薇形，花瓣粉红色，无花粉。

图 28-1 新白花（果实特性）

2. 果实经济性状

果实圆形，整齐，缝合线浅，两侧较对称，果顶圆凸。平均单果重 180g，最大果重 205g。成熟时果面底色为黄绿色，表色为红色，茸毛密（图 29-1～图 29-2）。果皮易剥离，果肉为白色，肉质较硬，味甜，无苦涩味，可溶性固形物含量为 14.6%，粘核，不裂。

3. 生长结果习性

树势较强，萌芽率高，成枝力较强，自花不结实，需配授粉树。

4. 物候期

图 28-2 新白花（近照）

在上海地区，叶芽萌动期为 2 月下旬，3 月下旬为露红期，3 月底为初花期，花期持续 7～8 天，4 月中旬为展叶期。4 月下旬花萼脱落，8 月中上旬果实成熟，从盛花到果实成熟 130 天左右，11 月中旬为落叶期。

二十九、晚白花

1. 植物学性状

树势中庸，树姿开张。多年生枝为褐色，一年生枝阳面暗红色，阴面暗绿色，节间长 2.61cm，复花芽起始节为 1～3 节。叶片长宽披针形，粗锯齿，叶尖渐尖，叶基广楔形，叶脉为不明显网状，叶色深绿色，平均叶长 15.91cm，叶宽 3.99cm，叶柄长 1.01cm。花为蔷薇形，花瓣粉红色，有花粉。

图 29-1　晚白花（果实特性）

2. 果实经济性状

果实近圆形，整齐，缝合线浅，两侧较对称，果顶圆凸。平均单果重 240g，最大果重 315g。成熟时果面底色黄绿色，表色红色，茸毛粗、密（图 30-1～图 30-2）。果皮易剥离，果肉乳白色，肉质较硬，味甜，无苦涩味，可溶性固形物含量为 14.8%。

3. 生长结果习性

树势中等，萌芽率高，成枝力较强，自花结实，坐果率较高。

4. 物候期

在上海地区，叶芽萌动期为 2 月下旬，3 月中旬为露红期，3 月下旬为初花期，花期持续 8～9 天，

图 29-2　晚白花（近照）

4 月中旬为展叶期。4 月中下旬花萼脱落，8 月下旬果实成熟，从盛花到果实成熟 140 天左右，11 月中旬为落叶期。

三十、浅间白桃

1. 植物学性状

树势中庸，树姿开张。多年生枝为褐色，一年生枝阳面暗红色，阴面暗绿色，节间长 2.3cm，复花芽起始节为 1 ～ 3 节。叶片长宽披针形，粗锯齿，叶尖渐尖，叶基广楔形，叶脉为不明显网状，叶色深绿色，平均叶长 16cm，叶宽 4.2cm，叶柄长 1cm。花为蔷薇形，花瓣粉红色，无花粉。

图 30-1 浅间白桃（果实特性）

2. 果实经济性状

果实近圆形，整齐，缝合线浅，两侧较对称，果顶圆凸。果个极大，平均单果重 210g，最大果重 260g。成熟时果面底色为黄白色，表色为红色，茸毛粗、密（图 31-1 ～ 图 31-2）。果皮易剥离，果肉为白色，肉质软溶，汁液多，味浓甜，无苦涩味，香味淡，可溶性固形物含量为 13%，粘核，不裂。

3. 生长结果习性

树势中等，萌芽率高，成枝力较强，自花不结实，需配授粉树，坐果率较高。

4. 物候期

在上海地区，叶芽萌动期为 2

图 30-2 浅间白桃（近照）

月底，3 月中下旬为露红期，3 月下旬为初花期，花期持续 7 ～ 9 天，4 月中旬为展叶期。4 月下旬花萼脱落，7 月上旬果实成熟，从盛花到果实成熟 95 天左右，11 月中旬为落叶期。

三十一、塔桥 1 号

1. 植物学性状

树势中等，树姿开张。多年生枝为褐色，一年生枝阳面暗红色，阴面暗绿色，节间长 2.6cm，复花芽起始节为 5 ~ 6 节。叶片宽披针形，钝锯齿，叶尖渐尖，叶基尖形，叶脉为不明显网状，叶色绿色，平均叶长 17cm，叶宽 3.8cm，叶柄长 0.8cm。花为蔷薇形，花瓣粉红色，有花粉。

图 31-1　塔桥 1 号（果实特性）

2. 果实经济性状

果实近圆形，整齐，缝合线浅，两侧较对称，果顶圆凸。果个极大，平均单果重 175g，最大果重 225g。成熟时果面底色黄绿色，表色红色，茸毛细、密（图 32-1 ~ 图 32-2）。果皮易剥离，果肉为白色，肉质软溶，汁液多，味浓甜，无苦涩味，香味中等，可溶性固形物含量为 12% ~ 14%，粘核，不裂。

3. 生长结果习性

萌芽率高，成枝力强，自花结实能力强，坐果率高。生理落果及采前落果均轻。

4. 物候期

图 31-2　塔桥 1 号（近照）

在上海地区，叶芽萌动期为 3 月上旬，3 月下旬为露红期，3 月底为初花期，花期持续 7 ~ 8 天，4 月中旬为展叶期。4 月下旬花萼脱落，7 月上旬果实成熟，从盛花到果实成熟 95 天左右，11 月中旬为落叶期。

三十二、上海水蜜

1. 植物学性状

树势中庸稍强，树姿较开张。多年生枝为褐色，一年生枝阳面暗红色，阴面暗绿色，节间长 2.3cm，复花芽起始节为 3 ～ 5 节。叶片长椭圆披针形，粗锯齿，叶尖急尖，叶基广楔形，叶脉为不明显网状，叶色深绿色，平均叶长 16cm，叶宽 4.1cm，叶柄长 1cm。花为蔷薇形，花瓣粉红色，有花粉。

图 32-1　上海水蜜（果实特性）

2. 果实经济性状

果实近圆形，整齐，缝合线浅，两侧较对称，果顶圆凸。果个极大，平均单果重 175g，最大果重 215g。成熟时果面底色为黄色，表色为红色，茸毛细、稀（图 33-1 ～图 33-2）。果皮易剥离，果肉为白色，近核处红色，肉质软溶，汁液多，味浓甜，无苦涩味，香味淡，可溶性固形物含量为 13%，粘核，不裂。

3. 生长结果习性

萌芽率高，成枝力较强，自花结实能力强，坐果率较高，采前落果较重。

4. 物候期

在上海地区，叶芽萌动期为 3 月上旬，3 月下旬为露红期，3 月底为初花期，花期持续 7 ～ 8 天，4 月中旬为展叶期。4 月下旬花萼脱落，8 月初果实成熟，从盛花到果实成熟 120 天左右，11 月中旬为落叶期。

图 32-2　上海水蜜（近照）

三十三、玉露

1. 植物学性状

树势强，树姿较开张。多年生枝为褐色，一年生枝阳面暗红色，阴面暗绿色，节间长 3.8cm，复花芽起始节为 4～6 节。叶片长椭圆披针形，粗锯齿，叶尖渐尖，叶基广楔形，叶脉为不明显网状，叶色绿色，平均叶长 17cm，叶宽 4.3cm，叶柄长 1.3cm。花为蔷薇形，花瓣粉红色，有花粉。

图 33-1　玉露（果实特性）

2. 果实经济性状

果实近圆形，整齐，缝合线浅，两侧较对称，果顶圆凸。果个大，平均单果重 185g，最大果重 225g。成熟时果面底色为黄绿色，表色为红色，茸毛细、密（图 34-1～图 34-2）。果皮易剥离，果肉为白色，近核处红色，肉质软溶，汁液多，味酸甜，无苦涩味，香味浓，可溶性固形物含量为 14%～16%，粘核，不裂。

3. 生长结果习性

树势健旺，萌芽率高，成枝力强，自花结实能力强，坐果率高。采前落果较重。

4. 物候期

图 33-2　玉露（近照）

在上海地区，叶芽萌动期为 2 月底，3 月中旬为露红期，3 月下旬为初花期，花期持续 7～10 天，4 月上旬为展叶期。4 月中旬花萼脱落，8 月上旬果实成熟，从盛花到果实成熟 125 天左右，11 月中旬为落叶期。

三十四、新凤蜜露

1. 植物学性状

树势强，树姿开张。多年生枝为褐色，一年生枝阳面暗红色，阴面暗绿色，平均节间长度 2.3cm，复花芽起始节为 2 ～ 4 节。叶片狭披针形，钝锯齿，叶尖渐尖，叶基广楔形，叶脉为网状，叶色为绿色，平均叶长 15cm，叶宽 3.7cm，叶柄长 1.1cm。花为蔷薇形，花瓣粉红色，有花粉。

图 34-1　新凤蜜露（果实特性）

2. 果实经济性状

果实近圆形，整齐，缝合线浅，两侧对称，果顶圆平。果个小，平均单果重 180g，最大果重 400g。成熟时果面底色为黄白色，表色为鲜红色，茸毛细、密（图 35-1 ～图 35-2）。果皮易剥离，果肉为白色，肉质软溶，汁液多，味浓甜，无苦涩味，香味浓，可溶性固形物含量为 13.1%，粘核，不裂。

3. 生长结果习性

树势健旺，萌芽率高，成枝力强，自花结实能力强，坐果率高。生理落果及采前落果均轻。

4. 物候期

在上海地区，一般叶芽萌动期为 2 月底，3 月底为露红期，4 月初为初花期，花期持续 7 ～ 10 天，4 月上中旬为展叶期。4 月中下旬花萼脱落，7 月上旬果实成熟，从盛花到果实成熟 100 天左右，11 月中旬为落叶期。

图 34-2　新凤蜜露（近照）

三十五、周浦晚湖景

1. 植物学性状

树势中等,树姿开张。多年生枝为褐色,一年生枝阳面暗红色,阴面暗绿色,平均节间长度2.2cm,复花芽起始节为2～4节。叶片狭披针形,钝锯齿,叶尖渐尖,叶基广楔形,叶脉为网状,叶色绿色,平均叶长14.7cm,叶宽3.5cm,叶柄长1.1cm。花为蔷薇形,花瓣粉红色,有花粉。

图35-1 周浦晚湖景(近照)

2. 果实经济性状

果实扁圆形,较整齐,缝合较深,两侧较对称,果顶扁平。果个极大,平均单果重220g,最大果重450g。成熟时果面底色黄绿色,表色鲜红色,茸毛细、较密(图36-1～图36-2)。果皮不易剥离,果肉为白色,近核处红色,肉质软溶,汁液较多,味浓甜,无苦涩味,香味淡,可溶性固形物含量为12.5%,粘核,不裂。

3. 生长结果习性

树势中等,萌芽率高,成枝力强,自花结实能力强,坐果率高。生理落果及采前落果均轻。

4. 物候期

在上海地区,一般叶芽萌动期为2月底,3月中旬为露红期,3月中下旬为初花期,花期持续7～10天,4月上中旬为展叶期。4月中下旬花萼脱落,8

图35-2 周浦晚湖景(果实特性)

月上旬果实成熟,从盛花到果实成熟160天左右,11月中旬为落叶期。

三十六、浦甜 3 号

1. 植物学性状

树势中等，树姿开张。多年生枝为褐色，一年生枝阳面暗红色，阴面暗绿色，平均节间长度 2.3cm，复花芽起始节为 2 ～ 4 节。叶片狭披针形，钝锯齿，叶尖渐尖，叶基广楔形，叶脉为网状，叶色绿色，平均叶长 14.1cm，叶宽 3.7cm，叶柄长 1.1cm。花为蔷薇形，花瓣粉红色，有花粉。

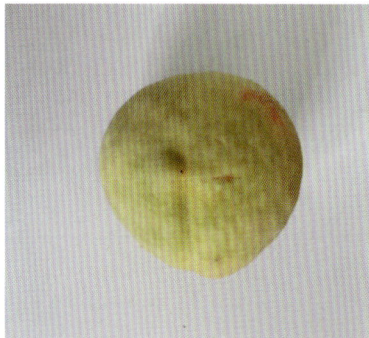

图 36-1　浦甜 3 号（果实特性）

2. 果实经济性状

果实卵圆形，整齐，缝合线浅，两侧对称，果顶圆凸。果个极大，平均单果重 250g，最大果重 350g。成熟时果面底色为黄绿色，表色为鲜红色，茸毛细、较密（图 37-1 ～图 37-2）。果皮不易剥离，果肉为白色，近核处红色，肉质软溶，汁液较多，味浓甜，无苦涩味，香味淡，可溶性固形物含量为 13.11%，粘核，不裂。

3. 生长结果习性

树势中等，萌芽率高，成枝力强，自花结实能力强，坐果率高。生理落果及采前落果均轻。

4. 物候期

在上海地区，一般叶芽萌动期为 2 月底，3 月中旬为露红期，3 月中下旬为初花期，花期持续 7 ～ 10 天，4 月上中旬为展叶期。4

图 36-2　浦甜 3 号（近照）

月中下旬花萼脱落，8 月中下旬果实成熟，从盛花到果实成熟 180 天左右，11 月中旬为落叶期。

三十七、桃咏蜜露

1.植物学性状

树势中等，树姿开张。多年生枝为褐色，一年生枝阳面暗红色，阴面暗绿色，平均节间长度2.2cm，复花芽起始节为2～4节。叶片狭披针形，钝锯齿，叶尖渐尖，叶基广楔形，叶脉为网状，叶色绿色，平均叶长14.3cm，叶宽3.5cm，叶柄长1.1cm。花为蔷薇形，花瓣粉红色，有花粉。

图37-1 桃咏蜜露（近照）

2.果实经济性状

果实近圆形，整齐，缝合线浅，两侧较对称，果顶圆平。果个小，平均单果重187g，最大果重230g。成熟时果面底色为黄白色，表色为鲜红色，茸毛细、密（图38-1～图38-2）。果皮易剥离，果肉为白色，近核处红色，肉质软溶，汁液多，味浓甜，无苦涩味，香味浓，可溶性固形物含量为11.5%，粘核，不裂。

3.生长结果习性

树势中等，萌芽率高，成枝力强，自花结实能力强，坐果率高。生理落果及采前落果均轻。

4.物候期

在上海地区，一般叶芽萌动期为2月底，3月中旬为露红期，3月底为初花期，

图37-2 桃咏蜜露（果实特性）

花期持续7～10天，4月上中旬为展叶期。4月中下旬花萼脱落，6月上旬果实成熟，从盛花到果实成熟70天左右，11月中旬为落叶期。

三十八、加纳岩

1. 植物学性状

树势中等，树姿开张。多年生枝为褐色，一年生枝阳面暗红色，阴面暗绿色，平均节间长度2.3cm，复花芽起始节为2～4节。叶片狭披针形，钝锯齿，叶尖渐尖，叶基广楔形，叶脉为网状，叶色绿色，平均叶长14.3cm，叶宽3.4cm，叶柄长1cm。花为蔷薇形，花瓣粉红色，有花粉。

图38-1　加纳岩（近照）

2. 果实经济性状

果实近圆形，整齐，缝合线浅，两侧对称，果顶圆平。果个大，平均单果重205g，最大果重320g。成熟时果面底色为黄绿色，表色为鲜红色，茸毛细、密（图39-1～图39-2）。果皮易剥离，果肉为白色，近核处红色，肉质软溶，汁液多，味浓甜，无苦涩味，香味浓，可溶性固形物含量为12.6%，粘核，不裂。

3. 生长结果习性

树势中等，萌芽率高，成枝力强，自花结实能力强，坐果率高。生理落果及采前落果均轻。

4. 物候期

在上海地区，一般叶芽萌动期为2月底，3月中旬为露红期，3月中下旬为初花期，花期持续7～10天，4月上中旬为展叶期。4月中下旬花萼脱落，7月初

图38-2　加纳岩（果实特性）

果实成熟，从盛花到果实成熟90天左右，11月中旬为落叶期。

三十九、浦早1号

1. 植物学性状

树势中等，树姿开张。多年生枝为褐色，一年生枝阳面暗红色，阴面暗绿色，平均节间长度2.1cm，复花芽起始节为2～4节。叶片狭披针形，钝锯齿，叶尖渐尖，叶基广楔形，叶脉为网状，叶色绿色，平均叶长14.1cm，叶宽3.2cm，叶柄长1.1cm。花为蔷薇形，花瓣粉红色，有花粉。

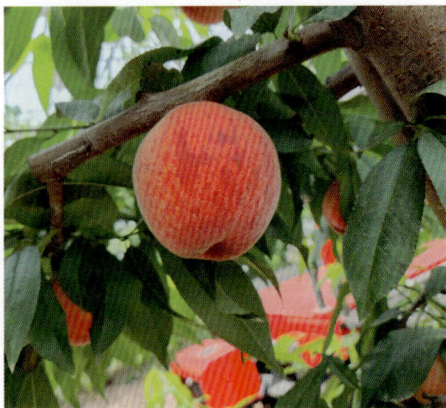

图 39-1　浦早1号（近照）

2. 果实经济性状

果实近圆形，整齐，缝合线浅，两侧对称，果顶圆凹。果个小，平均单果重175g，最大果重240g。成熟时果面底色为黄绿色，表色为鲜红色，茸毛细、密（图40-1～图40-2）。果皮易剥离，果肉为白色，近核处红色，肉质软溶，汁液多，味浓甜，无苦涩味，香味浓，可溶性固形物含量为11.7%，粘核，不裂。

3. 生长结果习性

树势中等，萌芽率高，成枝力强，自花结实能力强，坐果率高。生理落果及采前落果均轻。

4. 物候期

在上海地区，一般叶芽萌动期为2月底，3月中旬为露红期，3月中下旬

图 39-2　浦早1号（果实特性）

为初花期，花期持续7～10天，4月上中旬为展叶期。4月中下旬花萼脱落，6月初果实成熟，从盛花到果实成熟65天左右，11月中旬为落叶期。

四十、赤月

1. 植物学性状

树势稍强，树姿开张。多年生枝为褐色，一年生枝阳面暗红色，阴面暗绿色，平均节间长度 2.2cm，复花芽起始节为 2 ~ 4 节。叶片狭披针形，钝锯齿，叶尖渐尖，叶基广楔形，叶脉为网状，叶色绿色，平均叶长 12.9cm，叶宽 3.4cm，叶柄长 0.7cm。花为蔷薇形，花瓣粉红色，有花粉。

图 40-1　赤月（近照）

2. 果实经济性状

果实近圆形，整齐，缝合线浅，两侧对称，果顶圆平。果个小，平均单果重 190g，最大果重 245g。成熟时果面底色为黄绿色，表色为鲜红色，茸毛细、密（图 41-1 ~ 图 41-2）。果皮易剥离，果肉为白色，近核处红色，肉质软溶，汁液多，味浓甜，无苦涩味，香味浓，可溶性固形物含量为 12.3%，粘核，不裂。

3. 生长结果习性

树势中等偏强，萌芽率高，成枝力强，自花结实能力强，坐果率高。生理落果及采前落果均轻。

图 40-2　赤月（果实特性）

4. 物候期

在上海地区，一般叶芽萌动期为 2 月底，3 月中旬为露红期，3 月底为初花期，花期持续 7 ~ 10 天，4 月上中旬为展叶期。4 月中下旬花萼脱落，7 月上旬果实成熟，从盛花到果实成熟 95 天左右，11 月中旬为落叶期。

四十一、桃咏凤露

1. 植物学性状

树势中等，树姿开张。多年生枝为褐色，一年生枝阳面暗红色，阴面暗绿色，平均节间长度 2.2cm，复花芽起始节为 2～4 节。叶片狭披针形，钝锯齿，叶尖渐尖，叶基广楔形，叶脉为网状，叶色绿色，平均叶长 15.5cm，叶宽 3.1cm，叶柄长 1.1cm。花为蔷薇形，花瓣粉红色，有花粉。

图 41-1　桃咏凤露（近照）

2. 果实经济性状

果实近圆形，整齐，缝合线浅，两侧对称，果顶圆平。果个大，平均单果重 195g，最大果重 290g。成熟时果面底色为黄绿色，表色为鲜红色，茸毛细、密（图 42-1～图 42-2）。果皮易剥离，果肉为白色，肉质软溶，汁液多，味浓甜，无苦涩味，香味浓，可溶性固形物含量为 12.4%，粘核，不裂。

3. 生长结果习性

树势中等，萌芽率高，成枝力强，自花结实能力强，坐果率高。生理落果及采前落果均轻。

4. 物候期

在上海地区，一般叶芽萌动期

图 41-2　桃咏凤露（果实特性）

为 2 月底，3 月中旬为露红期，3 月中下旬为初花期，花期持续 7～10 天，4 月上中旬为展叶期。4 月中下旬花萼脱落，7 月上旬果实成熟，从盛花到果实成熟 95 天左右，11 月中旬为落叶期。

四十二、浦甜 1 号

1. 植物学性状

树势中等，树姿开张。多年生枝为褐色，一年生枝阳面暗红色，阴面暗绿色，平均节间长度 2.2cm，复花芽起始节为 2～4 节。叶片狭披针形，钝锯齿，叶尖渐尖，叶基广楔形，叶脉为网状，叶色绿色，平均叶长 15.5cm，叶宽 3.4cm，叶柄长 1.1cm。花为蔷薇形，花瓣粉红色，有花粉。

图 42-1　浦甜 1 号（近照）

2. 果实经济性状

果实近圆形，整齐，缝合线浅，两侧对称，果顶圆平。果个大，平均单果重 187g，最大果重 315g。成熟时果面底色为黄绿色，表色为鲜红色，茸毛细、密（图 43-1～图 43-2）。果皮易剥离，果肉为白色，近核处红色，肉质软溶，汁液多，味浓甜，无苦涩味，香味浓，可溶性固形物含量为 12.6%，粘核，不裂。

3. 生长结果习性

树势中等，萌芽率高，成枝力强，自花结实能力强，坐果率高。生理落果及采前落果均轻。

4. 物候期

图 42-2　浦甜 1 号（果实特性）

在上海地区，叶芽萌动期为 2 月底，3 月中旬为露红期，3 月中下旬为初花期，花期持续 7～10 天，4 月上中旬为展叶期。4 月中下旬花萼脱落，7 月中旬果实成熟，从盛花到果实成熟 105 天左右，11 月中旬为落叶期。

四十三、幸茜

1. 植物学性状

树势中等，树姿开张。多年生枝为褐色，一年生枝阳面暗红色，阴面暗绿色，平均节间长度 2.2cm，复花芽起始节为 2～4 节。叶片狭披针形，钝锯齿，叶尖渐尖，叶基广楔形，叶脉为网状，叶色绿色，平均叶长 14.3cm，叶宽 3.4cm，

图 43-1　幸茜（近照）

叶柄长 1.1cm。花为蔷薇形，花瓣粉红色，有花粉。

2. 果实经济性状

果实近圆形，整齐，缝合线浅，两侧对称，果顶圆平。果个大，平均单果重 201g，最大果重 345g。成熟时果面底色为黄绿色，表色为鲜红色，茸毛细、密（图 44-1～图 44-2）。果皮易剥离，果肉为白色，近核处红色，肉质软溶，汁液多，味浓甜，无苦涩味，香味浓，可溶性固形物含量为 12.8%，粘核，不裂。

3. 生长结果习性

树势中等，萌芽率高，成枝力强，自花结实能力强，坐果率高。生理落果及采前落果均轻。

图 43-2　幸茜（果实特性）

4. 物候期

在上海地区，叶芽萌动期为 2 月底，3 月中旬为露红期，3 月中下旬为初花期，花期持续 7～10 天，4 月上中旬为展叶期。4 月中下旬花萼脱落，7 月中旬果实成熟，从盛花到果实成熟 105 天左右，11 月中旬为落叶期。

四十四、川中岛

1. 植物学性状

树势中等，树姿开张。多年生枝为褐色，一年生枝阳面暗红色，阴面暗绿色，平均节间长度2.2cm，复花芽起始节为2～4节。叶片狭披针形，钝锯齿，叶尖渐尖，叶基广楔形，叶脉为网状，叶色绿色，平均叶长16.5cm，叶宽3.8cm，叶柄长0.9cm。花为蔷薇形，花瓣粉红色，无花粉。

图 44-1　川中岛（近照）

2. 果实经济性状

果实近圆形，整齐，缝合线浅，两侧对称，果顶圆平。果个极大，平均单果重210g，最大果重315g。成熟时果面底色黄绿色，表色鲜红色，茸毛细、密（图45-1～图45-2）。果皮易剥离，果肉为白色，近核处红色，肉质软溶，汁液多，味浓甜，无苦涩味，香味浓，可溶性固形物含量为13.1%，粘核，不裂。

3. 生长结果习性

树势中等，萌芽率高，成枝力较强，自花不结实，需配授粉树，坐果率较高。

4. 物候期

图 44-2　川中岛（果实特性）

在上海地区，一般叶芽萌动期为2月底，3月中旬为露红期，3月中下旬为初花期，花期持续7～10天，4月上中旬为展叶期。4月中下旬花萼脱落，7月中下旬果实成熟，从盛花到果实成熟110天左右，11月中旬为落叶期。

四十五、秋月

1.植物学性状

树势中等，树姿开张。多年生枝为褐色，一年生枝阳面暗红色，阴面暗绿色，平均节间长度2cm，复花芽起始节为2～4节。叶片狭披针形，钝锯齿，叶尖渐尖，叶基广楔形，叶脉为网状，叶色绿色，平均叶长15.5cm，叶宽4.6cm，叶柄长1.1cm。花为蔷薇形，花瓣粉红色，有花粉。

图45-1　秋月（近照）

2.果实经济性状

果实近圆形，整齐，缝合线浅，两侧对称，果顶圆平。果个大，平均单果重195g，最大果重285g。成熟时果面底色为黄绿色，表色为鲜红色，茸毛细、密（图46-1～图46-2）。果皮易剥离，果肉为白色，近核处红色，肉质软溶，汁液多，味浓甜，无苦涩味，香味浓，可溶性固形物含量为13.2%，粘核，不裂。

3.生长结果习性

树势中等，萌芽率高，成枝力强，自花结实能力强，坐果率高。生理落果及采前落果均轻。

图45-2　秋月（果实特性）

4.物候期

在上海地区，一般叶芽萌动期为2月底，3月中旬为露红期，3月中下旬为初花期，花期持续7～10天，4月上中旬为展叶期。4月中下旬花萼脱落，7月中下旬果实成熟，从盛花到果实成熟110天左右，11月中旬为落叶期。

四十六、清水白桃

1. 植物学性状

树势偏强，树姿开张。多年生枝为褐色，一年生枝阳面暗红色，阴面暗绿色，平均节间长度2.9cm，复花芽起始节为2～4节。叶片狭披针形，钝锯齿，叶尖渐尖，叶基广楔形，叶脉为网状，叶色绿色，平均叶长18.5cm，叶宽4.7cm，叶柄长1.1cm。花为蔷薇形，花瓣粉红色，有花粉。

图 46-1 清水白桃（近照）

2. 果实经济性状

果实近圆形，整齐，缝合线浅，两侧对称，果顶圆凸。果个极大，平均单果重200g，最大果重220g。成熟时果面底色为绿色，表色为红色，茸毛细、密（图47-1～图47-2）。果皮易剥离，果肉为白色，近核处红色，肉质软溶，汁液多，味浓甜，无苦涩味，香味淡，可溶性固形物含量为13.8%，粘核，不裂。

3. 生长结果习性

树势健旺，萌芽率高，成枝力强，自花结实能力强，坐果率高。生理落果及采前落果均轻。

4. 物候期

在上海地区，叶芽萌动期为2月底，3月中旬为露红期，3月中下旬为初花期，花期持续7～10

图 46-2 清水白桃（果实特性）

天，4月上中旬为展叶期。4月中下旬花萼脱落，7月下旬果实成熟，从盛花到果实成熟115天左右，11月中旬为落叶期。

四十七、湖景蜜露

1. 植物学性状

树势中等，树姿开张。多年生枝为褐色，一年生枝阳面暗红色，阴面暗绿色，平均节间长度 2cm，复花芽起始节为 2～3 节。叶片狭披针形，钝锯齿，叶尖渐尖，叶基广楔形，叶脉为不明显网状，叶色绿色，平均叶长 14.5cm，叶宽 3.6cm，叶柄长 1.1cm。花为蔷薇形，花瓣粉红色，有花粉。

图 47-1　湖景蜜露（近照）

2. 果实经济性状

果实近圆形，整齐，缝合线浅，两侧不对称，果顶圆凸。果个小，平均单果重 195g，最大果重 350g。成熟时果面底色为黄绿色，表色为鲜红色，茸毛细、密（图 48-1～图 48-2）。果皮易剥离，果肉为白色，近核处红色，肉质软溶，汁液多，味浓甜，无苦涩味，香味浓，可溶性固形物含量为 12.6%，粘核，不裂。

3. 生长结果习性

树势中等，萌芽率高，成枝力强，自花结实能力强，坐果率高。生理落果及采前落果均轻。

4. 物候期

在上海地区，一般叶芽萌动期为 2 月底，3 月中旬为露红期，3 月中下旬为初花期，花期持续 7～10 天，4

图 47-2　湖景蜜露（果实特性）

月上中旬为展叶期。4 月中下旬花萼脱落，7 月中旬果实成熟，从盛花到果实成熟 100 天左右，11 月中旬为落叶期。

四十八、锦绣黄桃

1. 植物学性状

树势强，树姿开张。多年生枝为褐色，一年生枝阳面暗红色，阴面暗绿色，平均节间长度 2.4cm，复花芽起始节为 2 ～ 5 节。叶片长椭圆披针形，细锯齿，叶尖渐尖，叶基广楔形，叶脉为不明显网状，叶色绿色，平均叶长 18.5cm，叶宽 4.7cm，叶柄长 0.9cm。花为蔷薇形，花瓣粉红色，有花粉。

图 48-1　锦绣黄桃（近照）

2. 果实经济性状

果实卵圆形，整齐，缝合线浅，两侧对称，果顶圆凸。果个极大，平均单果重 260g，最大果重 335g。成熟时果面底色绿色，表色黄色，茸毛细、密（图 49-1 ～图 49-2）。果皮不易剥离，果肉黄色，近核处红色，肉质硬溶，汁液较多，味酸甜，稍涩味，香味中等，可溶性固形物含量为 13.5%，粘核，不裂。

3. 生长结果习性

树势健旺，萌芽率高，成枝力强，自花结实能力强，坐果率高。采前落果均重。

4. 物候期

在上海地区，一般叶芽萌动期为 2 月底，3 月上中旬为露红期，3 月中下旬为初花期，花期持续 7 ～ 10 天，4 月上中旬为展叶期。4 月上旬花萼脱落，8 月中旬果实成熟，从盛花到果实成熟 135 天左右，11 月中旬为落叶期。

图 48-2　锦绣黄桃（果实特性）

四十九、春花

1.植物学性状

树势中等，树姿开张。多年生枝为褐色，一年生枝阳面暗红色，阴面暗绿色，平均节间长度 2.2cm，复花芽起始节为 2～4 节。叶片狭披针形，钝锯齿，叶尖渐尖，叶基广楔形，叶脉为网状，叶色绿色，平均叶长 14.5cm，叶宽 3.6cm，叶柄长 1.1cm。花为蔷薇形，花瓣粉红色，有花粉。

图 49-1　春花（近照）

2.果实经济性状

果实近圆形，整齐，缝合线浅，两侧对称，果顶圆平。平均单果重 87g，大果重 145g。成熟时果面底色为黄绿色，表色为鲜红色，茸毛细、密（图 50-1～图 50-2）。果皮易剥离，果肉为白色，近核处红色，肉质溶质、致密，汁液多，味浓甜，无苦涩味，香味浓，可溶性固形物含量为 9%～11%，粘核，不裂。

3.生长结果习性

树势中等，萌芽率高，成枝力强，自花结实能力强，坐果率高。生理落果及采前落果均轻。

4.物候期

在上海地区，叶芽萌动期为 2 月底，3 月中旬为露红期，3 月中下旬为初花期，花期持续 7～10 天，4 月上中旬为展叶期。

图 49-2　春花（果实特性）

4 月中下旬花萼脱落，6 月初果实成熟，从盛花到果实成熟 60 天左右，11 月中旬为落叶期。

五十、锦辉

1. 植物学性状

树势中等，树姿开张。多年生枝为褐色，一年生枝阳面暗红色，阴面暗绿色，平均节间长度 2.3cm，复花芽起始节为 2～4 节。叶片狭披针形，钝锯齿，叶尖渐尖，叶基广楔形，叶脉为网状，叶色绿色，平均叶长 15.2cm，叶宽 3.7cm，叶柄长 1.1cm。花为蔷薇形，花瓣粉红色，有花粉。

图 50-1　锦辉（近照）

2. 果实经济性状

果实近圆形，整齐，缝合线浅，两侧对称，果顶圆平。平均单果重 210g，大果重 320g。成熟时果面底色为黄绿色，表色为黄色，茸毛细、密（图 51-1～图 51-2）。果皮易剥离，果肉黄色，近核处红色，肉质溶质、致密，汁液多，味浓甜，无苦涩味，香味浓，可溶性固形物含量为 11%～13.5%，粘核，不裂。

3. 生长结果习性

树势中等，萌芽率高，成枝力强，自花结实能力强，坐果率高。生理落果及采前落果均轻。

4. 物候期

在上海地区，叶芽萌动期为 2 月底，3 月中旬为露红期，3 月中下旬为初花期，花期持续 7～10 天，4 月上中旬为展叶期。

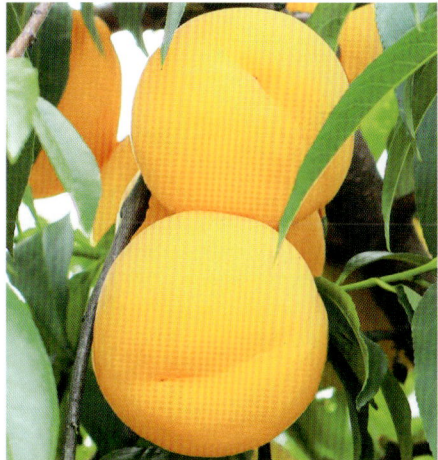

图 50-2　锦辉（果实特性）

4 月中下旬花萼脱落，7 月上中旬果实成熟，从盛花到果实成熟 90 天左右，11 月中旬为落叶期。

五十一、锦冠

1. 植物学性状

树势中等，树姿开张。多年生枝为褐色，一年生枝阳面暗红色，阴面暗绿色，平均节间长度 2.3 cm，复花芽起始节为 2～4 节。叶片狭披针形，钝锯齿，叶尖渐尖，叶基广楔形，叶脉为网状，叶色绿色，平均叶长 15.3cm，叶宽 3.7cm，叶柄长 1.1cm。花为蔷薇形，花瓣粉红色，有花粉。

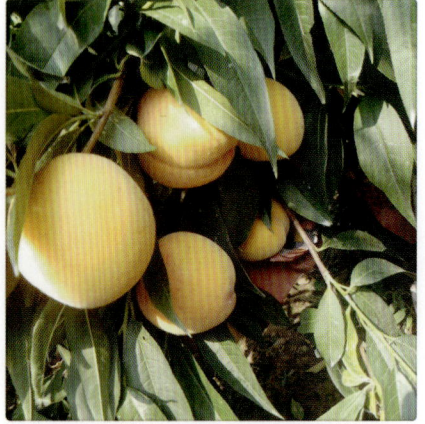

图 51-1　锦冠（近照）

2. 果实经济性状

果实近圆形，整齐，缝合线浅，两侧对称，果顶圆平。平均单果重 261.1g，大果重 410g。成熟时果面底色为黄绿色，表色为黄色，茸毛细、密（图52-1～图52-2）。果皮易剥离，果肉黄色，近核处红色，肉质溶质、致密，汁液多，味浓甜，无苦涩味，香味浓，可溶性固形物含量为 12.9%，粘核，不裂。

3. 生长结果习性

树势中等，萌芽率高，成枝力强，自花结实能力强，坐果率高。生理落果及采前落果均轻。

4. 物候期

在上海地区，叶芽萌动期为 2 月底，3 月中旬为露红期，3 月中下旬为初花期，花期持续 7～10 天，4 月上中旬为展叶期。4 月中下旬花萼脱落，7 月中下旬果实成熟，

图 51-2　锦冠（果实特性）

从盛花到果实成熟 105 天左右，11 月中旬为落叶期。

五十二、春血

1.植物学性状

树势中等，树姿开张。多年生枝为褐色，一年生枝阳面暗红色，阴面暗绿色，平均节间长度 2.2cm，复花芽起始节为 2～4 节。叶片狭披针形，钝锯齿，叶尖渐尖，叶基广楔形，叶脉为网状，叶色绿色，平均叶长 15.4cm，叶宽 3.6cm，叶柄长 1.1cm。花为蔷薇形，花瓣粉红色，有花粉。

图 52-1　春血（近照）

2.果实经济性状

果实近圆形，整齐，缝合线浅，两侧对称，果顶圆平。平均单果重 168g，大果重 260g。成熟时果面底色为红色，表色为红色，茸毛细、密（图 53-1～图 53-2）。果皮易剥离，果肉红色，近核处红色，肉质溶质、致密，汁液较多，味甜带微酸，无苦涩味，香味浓，可溶性固形物含量为 10%～12%，粘核，不裂。

3.生长结果习性

树势中等，萌芽率高，成枝力强，自花结实能力强，坐果率高。生理落果及采前落果均轻。

4.物候期

在上海地区，叶芽萌动期为 2 月底，3 月中旬为露红期，3 月中下旬为初花期，花期持续 7～10 天，4 月上中旬为展叶期。4 月中下旬花萼脱落，7 月上中旬果

图 52-2　春血（果实特性）

实成熟，从盛花到果实成熟 90 天左右，11 月中旬为落叶期。

五十三、良姬

1. 植物学性状

树势强健，树姿开张。多年生枝为褐色，一年生枝阳面褐色，阴面暗绿色，平均节间长度 1.8 cm，复花芽起始节为 2～4 节。叶片狭披针形，钝锯齿，叶尖渐尖，叶基广楔形，叶脉为网状，叶色绿色，平均叶长 15cm，叶宽 4.2cm，叶柄长 1.2cm。花为蔷薇形，花瓣粉红色，有花粉。

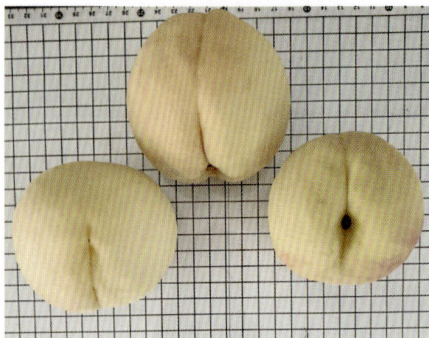

图 53-1　良姬（果实特性）

2. 果实经济性状

果实近圆形，整齐，缝合线浅，两侧对称，果顶圆平。平均单果重 220g，大果重 330g。成熟时果面底色为乳白色，表色为乳黄色，茸毛细、密（图 54-1～图 54-2）。果皮易剥离，果肉乳白色，近核处红色，肉质溶质、致密，汁液多，味甘甜，无苦涩味，香味浓，可溶性固形物含量为 13%～16%，粘核，不裂。

3. 生长结果习性

树势强旺，萌芽率高，成枝力强，自花结实能力强，坐果率高。生理落果及采前落果均轻。

4. 物候期

在上海地区，叶芽萌动期为 2 月底，3 月中旬为露红期，3 月中下旬为初花期，

图 53-2　良姬（近照）

花期持续 7～10 天，4 月上中旬为展叶期。4 月中下旬花萼脱落，7 月中下旬果实成熟，从盛花到果实成熟 105 天左右，11 月中旬为落叶期。

五十四、上山大玉露

1. 植物学性状

树势强健，树姿开张。多年生枝为褐色，一年生枝阳面褐色，阴面暗绿色，平均节间长度 1.8 cm，复花芽起始节为 2 ～ 4 节。叶片狭披针形，钝锯齿，叶尖渐尖，叶基广楔形，叶脉为网状，叶色绿色，平均叶长 15.5cm，叶宽 4.2cm，叶柄长 1.1cm。花为蔷薇形，花瓣粉红色，有花粉。

图 54-1　上山大玉露（近照）

2. 果实经济性状

果实近圆形，整齐，缝合线浅，两侧对称，果顶圆平。平均单果重 180g，大果重 280g。成熟时果面底色为乳白色，茸毛细、密（图 55-1 ～ 图 55-2）。果皮易剥离，乳白色的果肉，近核处红色，肉质溶质、致密，汁液多，味甘甜，无苦涩味，香味浓，可溶性固形物含量为 13% ～ 16%，粘核，不裂。

3. 生长结果习性

树势强旺，萌芽率高，成枝力强，自花结实能力强，坐果率高。生理落果及采前落果均轻。

4. 物候期

在上海地区，叶芽萌动期为 2 月底，3 月中旬为露红期，3 月中下旬为初花期，花期持续 7 ～ 10 天，4 月上中旬为展叶期。4 月中下旬花萼脱落，7 月下旬果实成熟，从盛花到果实成熟 115 天左右，11 月中旬为落叶期。

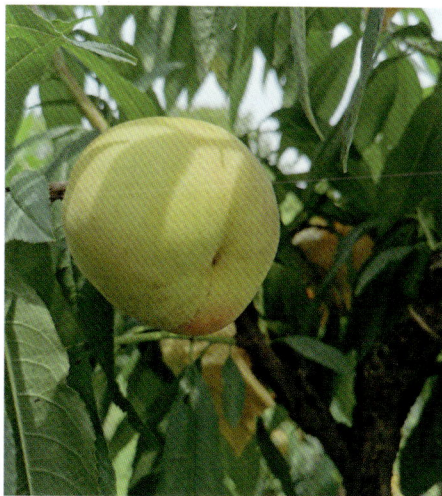

图 54-2　上山大玉露（果实特性）

五十五、金山 3 号

1. 植物学性状

树势强健，树姿开张。多年生枝为褐色，一年生枝阳面褐色，阴面暗绿色，平均节间长度 2.2 cm，复花芽起始节为 2 ～ 4 节。叶片狭披针形，钝锯齿，叶尖渐尖，叶基广楔形，叶脉为网状，叶色绿色，平均叶长 15.2cm，叶宽 4.1cm，叶柄长 1.1cm。花为蔷薇形，花瓣粉红色，有花粉。

2. 果实经济性状

果实近圆形，整齐，缝合线浅，两侧

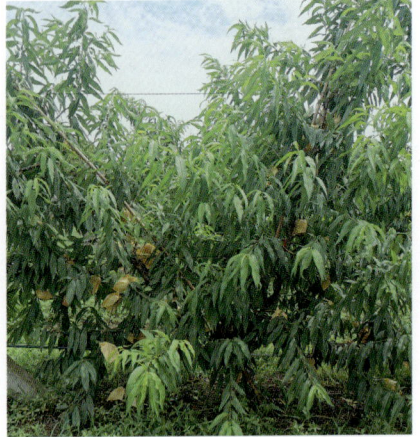

图 55-1　金山 3 号（近照）

对称，果顶圆平。平均单果重 220g，大果重 350g。成熟时果面底色为乳白色，茸毛细、密（图 56-1 ～图 56-2）。果皮易剥离，果肉乳白色，近核处红色，肉质溶质、致密，汁液多，味甘甜，无苦涩味，香味浓，可溶性固形物含量为 14% ～ 16%，粘核，不裂。

3. 生长结果习性

树势强旺，萌芽率高，成枝力强，自花结实能力强，坐果率高。生理落果及采前落果均轻。

4. 物候期

在上海地区，叶芽萌动期为 2 月底，3 月中旬为露红期，3 月中下旬为初花期，花期持续 7 ～ 10 天，4 月上中旬为展叶期。4 月中下旬花萼脱落，7 月下旬果实成熟，从盛花到果实成熟 115 天左右，11 月中旬为落叶期。

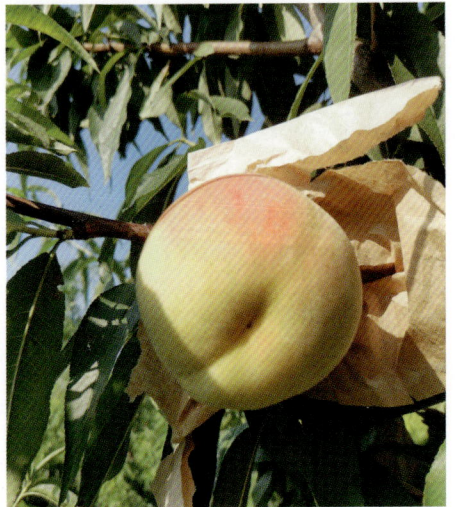

图 55-2　金山 3 号（果实特性）

五十六、拂晓

1. 植物学性状

树势强健，树姿开张。多年生枝为褐色，一年生枝阳面褐色，阴面暗绿色，平均节间长度 2.1 cm，复花芽起始节为 2～4 节。叶片狭披针形，钝锯齿，叶尖渐尖，叶基广楔形，叶脉为网状，叶色绿色，平均叶长 15.1cm，叶宽 4.2cm，叶柄长 1.1cm。花为蔷薇形，花瓣粉红色，有花粉。

2. 果实经济性状

果实近圆形，整齐，缝合线浅，两侧

图 56-1　拂晓（近照）

对称，果顶圆平。平均单果重 220g，最大果重 380g。成熟时果面底色为乳白色，茸毛细、密（图 57-1～图 57-2）。果皮易剥离，果肉乳白色，近核处红色，肉质溶质、致密，汁液多，味甘甜，无苦涩味，香味浓，可溶性固形物含量为 12%～15%，粘核，不裂。

3. 生长结果习性

树势强旺，萌芽率高，成枝力强，自花结实能力强，坐果率高。生理落果及采前落果均轻。

4. 物候期

在上海地区，叶芽萌动期为 2 月底，3 月中旬为露红期，3 月中下旬为初花期，花期持续 7～10 天，4 月上中旬为展叶期。4 月中下旬花萼脱落，7 月下旬果实

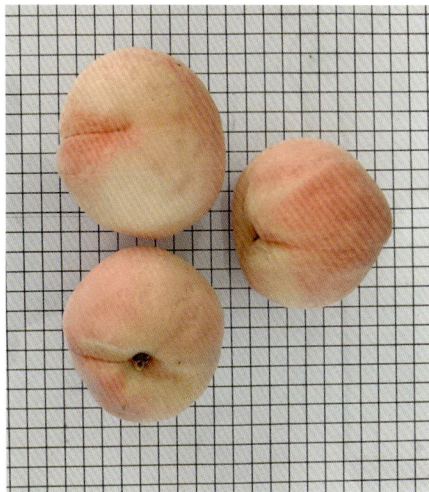
图 56-2　拂晓（果实特性）

成熟，从盛花到果实成熟 115 天左右，11 月中旬为落叶期。

五十七、奉化玉露

1. 植物学性状

树势中等，树姿开张。多年生枝为褐色，一年生枝阳面暗红色，阴面暗绿色，平均节间长度 2.2cm，复花芽起始节为 2～4 节。叶片狭披针形，钝锯齿，叶尖渐尖，叶基广楔形，叶脉为网状，叶色绿色，平均叶长 14.8cm，叶宽 3.7cm，叶柄长 1.1cm。花为蔷薇形，花瓣粉红色，有花粉。

2. 果实经济性状

果实近圆形，整齐，缝合线浅，两侧对称，果顶圆平。平均单果重 180g，

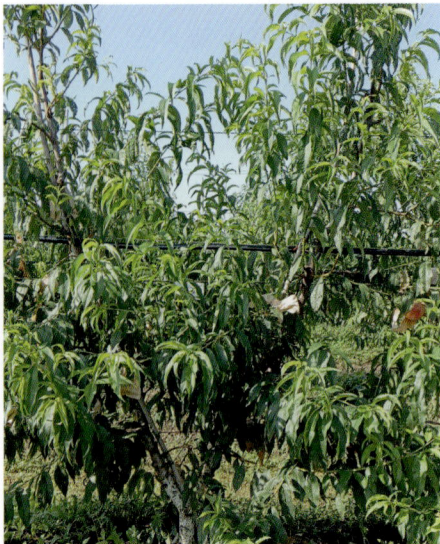

图 57-1 奉化玉露（近照）

最大果重 250g。成熟时果面底色黄绿色，表色鲜红色，茸毛细、密（图 58-1～图 58-2）。果皮易剥离，果肉为白色，近核处红色，肉质溶质、致密，汁液多，味浓甜，无苦涩味，香味浓，可溶性固形物含量为 11%～13%，粘核，不裂。

3. 生长结果习性

树势中等，萌芽率高，成枝力强，自花结实能力强，坐果率高。生理落果及采前落果均轻。

4. 物候期

在上海地区，叶芽萌动期为 2 月底，3 月中旬为露红期，3 月中下旬为初花期，

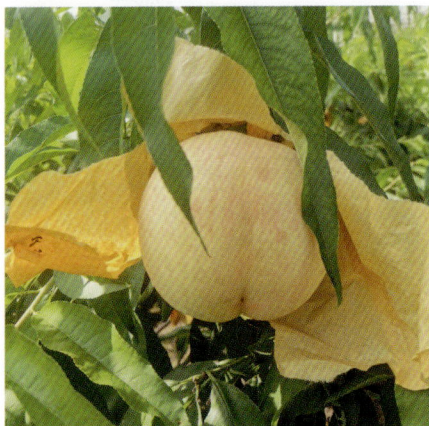

图 57-2 奉化玉露（果实特性）

花期持续 7～10 天，4 月上中旬为展叶期。4 月中下旬花萼脱落，6 月底果实成熟，从盛花到果实成熟 90 天左右，11 月中旬为落叶期。

五十八、早湖景

1. 植物学性状

树势旺，树姿开张。多年生枝为褐色，一年生枝阳面暗红色，阴面暗绿色，平均节间长度2.1cm，复花芽起始节为2～4节。叶片狭披针形，钝锯齿，叶尖渐尖，叶基广楔形，叶脉为网状，叶色绿色，平均叶长15.2cm，叶宽3.7cm，叶柄长1.1cm。花为蔷薇形，花瓣粉红色，有花粉。

图 58-1　早湖景（果实特性）

2. 果实经济性状

果实近圆形，整齐，缝合线浅，两侧对称，果顶圆平。平均单果重210g，最大果重348g。成熟时果面底色为黄绿色，表色为鲜红色，茸毛细、密（图59-1～图59-2）。果皮易剥离，果肉为白色，近核处红色，肉质溶质、致密，汁液多，味浓甜，无苦涩味，香味浓，可溶性固形物含量为12%～14%，粘核，不裂。

3. 生长结果习性

树势旺，萌芽率高，成枝力强，自花结实能力强，坐果率高。生理落果及采前落果均轻。

4. 物候期

在上海地区，叶芽萌动期为2月底，3月中旬为露红期，3月中下旬为初花期，

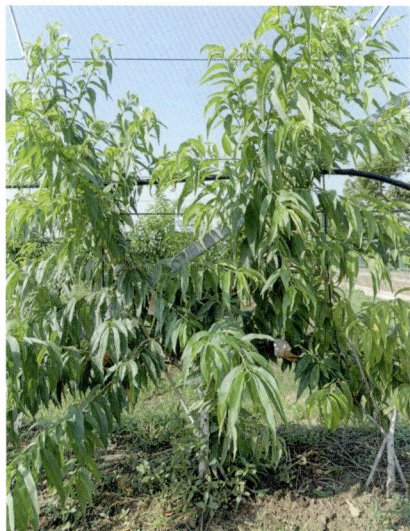

图 58-2　早湖景（近照）

花期持续7～10天，4月上中旬为展叶期。4月中下旬花萼脱落，6月底果实成熟，从盛花到果实成熟90天左右，11月中旬为落叶期。

五十九、晚锦香

1. 植物学性状

树势中等，树姿开张。多年生枝为褐色，一年生枝阳面暗红色，阴面暗绿色，平均节间长度 2.4cm，复花芽起始节为 2～4 节。叶片狭披针形，钝锯齿，叶尖渐尖，叶基广楔形，叶脉为网状，叶色绿色，平均叶长 16.4cm，叶宽 3.9cm，叶柄长 1.1cm。花为蔷薇形，花瓣粉红色，有花粉。

图 59-1 晚锦香（果实特性）

2. 果实经济性状

果实圆形，整齐，缝合线浅，两侧对称，果顶凹。平均单果重 190g，大果重 270g。成熟时果面底色金黄，茸毛细、密（图 60-1～图 60-2）。果皮易剥离，果肉金黄，近核处红色，肉质溶质、致密，汁液中等，味甜，微酸，无苦涩味，香味浓，可溶性固形物含量为 9%～12%，粘核，不裂。

3. 生长结果习性

树势中等，萌芽率高，成枝力强，自花结实能力强，坐果率高。生理落果及采前落果均轻。

4. 物候期

在上海地区，叶芽萌动期为 2 月底，3 月中旬为露红期，3 月中下旬为初花期，花期持续 7～10 天，4 月上中旬为展叶期。4 月中下旬花萼脱落，6 月底果实成熟，从盛花到果实成熟 90 天左右，11 月中旬为落叶期。

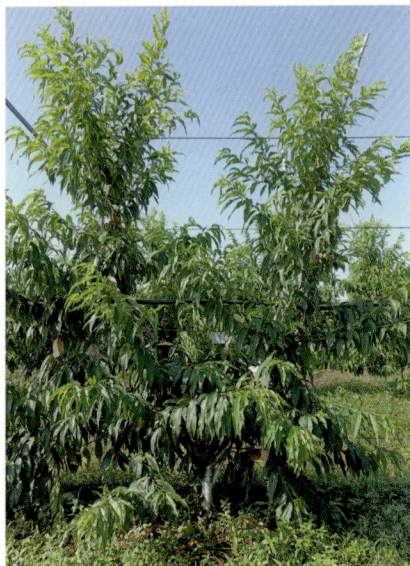

图 59-2 晚锦香（近照）

六十、日川白凤

1. 植物学性状

树势中等，树姿开张。多年生枝为褐色，一年生枝阳面暗红色，阴面暗绿色，平均节间长度2.6cm，复花芽起始节为2～4节。叶片狭披针形，钝锯齿，叶尖渐尖，叶基广楔形，叶脉为网状，叶色绿色，平均叶长15.2cm，叶宽4.2cm，叶柄长1.2cm。花为蔷薇形，花瓣粉红色，有花粉。

图60-1 日川白凤（果实特性）

2. 果实经济性状

果实圆形，整齐，缝合线浅，两侧对称，果顶圆平。平均单果重220g，大果重300g。成熟时果面底色为黄绿色，茸毛细、密（图61-1～图61-2）。果皮易剥离，果肉为白色，近核处红色，肉质溶质、致密，汁液多，味甜，微酸，无苦涩味，香味浓，可溶性固形物含量为12%～14%，粘核，不裂。

3. 生长结果习性

树势中等，萌芽率高，成枝力强，自花结实能力强，坐果率高。生理落果及采前落果均轻。

4. 物候期

在上海地区，叶芽萌动期为2月底，3月中旬为露红期，3月中下旬为初花期，花期持续7～10天，4月上中旬为展叶期。4月中下旬花萼脱落，7月上旬果实成熟，从盛花到果实成熟100天左右，11月中旬为落叶期。

图60-2 日川白凤（近照）

六十一、圆梦

1. 植物学性状

树势中庸,树姿开张。多年生枝为褐色,一年生枝阳面暗红色,阴面暗绿色,节间长 2.7cm,复花芽起始节为 1～3 节。叶片长宽披针形,粗锯齿,叶尖渐尖,叶基广楔形,叶脉为不明显网状,叶色深绿色,平均叶长 15.8cm,叶宽 4.1cm,叶柄长 1.1cm。花为蔷薇形,花瓣粉红色,有花粉。

图 61-1　圆梦（近照）

2. 果实经济性状

果实圆形,整齐,缝合线浅,两侧对称,果顶凹。平均单果重 232g,最大果重 406g。成熟时果面底色为黄白色,表色为红色,茸毛粗、密（图 62-1～图 62-2）。果皮易剥离,果肉为白色,肉质软溶,汁液多,味浓甜,无苦涩味,香味淡,可溶性固形物含量为 13%,粘核,不裂。

3. 生长结果习性

树势中等,萌芽率高,成枝力较强,自花结实,生理落果及采前落果均轻。

4. 物候期

在上海地区,叶芽萌动期为 2 月底,3 月中下旬为露红期,3 月下旬为初花期,花期

图 61-2　圆梦（果实特性）

持续 7～9 天,4 月中旬为展叶期。4 月下旬花萼脱落,8 月上旬果实成熟,从盛花到果实成熟 125 天左右,11 月中旬为落叶期。

六十二、红早脆

1. 植物学性状

树势中庸，树姿开张。多年生枝为褐色，一年生枝阳面暗红色，阴面暗绿色，节间长 2.6cm，复花芽起始节为 1～4 节。叶片长宽披针形，粗锯齿，叶尖渐尖，叶基广楔形，叶脉为不明显网状，叶色深绿色，平均叶长 15.7cm，叶宽 4.2cm，叶柄长 1.1cm。花为蔷薇形，花瓣粉红色，有花粉。

图 62-1　红早脆（果实特性）

2. 果实经济性状

果实圆形，整齐，缝合线浅，两侧对称，果顶凹。平均单果重 215 g，大果重 364g。成熟时果面底色为黄白色，表色为深红色，茸毛粗、密（图 63-1～图 63-2）。果皮易剥离，果肉白中带红，肉质软溶，汁液多，味浓甜，无苦涩味，香味淡，可溶性固形物含量为 11%～12.5%，粘核，不裂。

3. 生长结果习性

树势中等，萌芽率高，成枝力较强，自花结实，生理落果及采前落果均轻。

4. 物候期

在上海地区，叶芽萌动期为 2 月底，3月中下旬为露红期，3 月下旬为初花期，花期持续 7～9 天，4 月中旬为展叶期。4 月下旬花萼脱落，6 月中旬果实成熟，从盛花到果实成熟 75 天左右，11 月中旬为落叶期。

图 62-2　红早脆（近照）

六十三、白早脆

1. 植物学性状

树势旺，树姿开张。多年生枝为褐色，一年生枝阳面暗红色，阴面暗绿色，节间长2.6cm，复花芽起始节为1～4节。叶片长宽披针形，粗锯齿，叶尖渐尖，叶基广楔形，叶脉为不明显网状，叶色深绿色，平均叶长16.2cm，叶宽4.3cm，叶柄长1.1cm。花为蔷薇形，花瓣粉红色，有花粉。

图 63-1　白早脆（果实特性）

2. 果实经济性状

果实圆形，整齐，缝合线浅，两侧对称，果顶凹。平均单果重201g，大果重296g。成熟时果面底色为黄白色，表色为红色，茸毛粗、密（图64-1～图64-2）。果皮易剥离，果肉为白色，肉质软溶，汁液多，味浓甜，无苦涩味，香味淡，可溶性固形物含量为11%～12.5%，粘核，不裂。

3. 生长结果习性

树势旺，萌芽率高，成枝力较强，自花结实，生理落果及采前落果均轻。

4. 物候期

在上海地区，叶芽萌动期为2月底，3月中下旬为露红期，3月下旬为初花期，花期持续7～9天，4月中旬为展叶期。4月下旬花萼脱落，6月中下旬果实成熟，从盛花到果实成熟80天左右，11月中旬为落叶期。

图 63-2　白早脆（近照）

六十四、千代姬

1. 植物学性状

树势中庸，树姿开张。多年生枝为褐色，一年生枝阳面暗红色，阴面暗绿色，节间长2.7cm，复花芽起始节为1～3节。叶片长宽披针形，粗锯齿，叶尖渐尖，叶基广楔形，叶脉为不明显网状，叶色深绿色，平均叶长15.7cm，叶宽4.1cm，叶柄长1.2cm。花为蔷薇形，花瓣粉红色，有花粉。

2. 果实经济性状

果实短椭圆形，整齐，缝合线浅，两侧对称，果顶凹。平均单果重175g，大果重243g。成熟时果面底色为黄白色，表色为红色，茸毛粗、密（图65-1～图65-2）。果皮易剥离，果肉为白色略带红色，肉质软溶，汁液多，味浓甜，无苦涩味，香味淡，可溶性固形物含量为9%～11%，粘核，不裂。

3. 生长结果习性

树势旺，萌芽率高，成枝力较强，自花结实，生理落果及采前落果均轻。

4. 物候期

在上海地区，叶芽萌动期为2月底，3月中下旬为露红期，3月下旬为初花期，花期持续7～9天，4月中旬为展叶期。4月下旬花萼脱落，6月中旬果实成熟，从盛花到果实成熟75天左右，11月中旬为落叶期。

图 64-1 千代姬（果实特性）

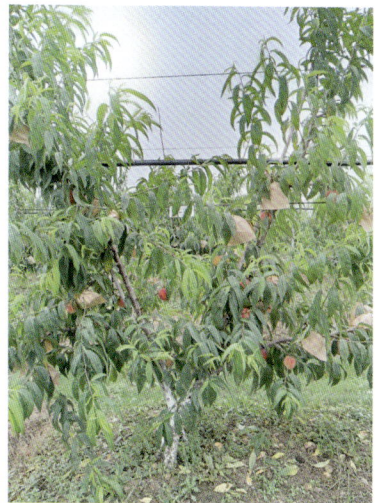

图 64-2 千代姬（近照）

六十五、金山 2 号

1. 植物学性状

树势旺，树姿开张。多年生枝为褐色，一年生枝阳面暗红色，阴面暗绿色，节间长 2.7cm，复花芽起始节为 1～3 节。叶片长宽披针形，粗锯齿，叶尖渐尖，叶基广楔形，叶脉为不明显网状，叶色深绿色，平均叶长 16.4cm，叶宽 4.2cm，叶柄长 1.1cm。花为蔷薇形，花瓣粉红色，有花粉。

2. 果实经济性状

果实近圆形，整齐，缝合线浅，两侧较对称，果顶凹。平均单果重 205g，大果重

图 65-1　金山 2 号（果实特性）

345g。成熟时果面底色为黄白色，表色为红色，茸毛粗、密（图 66-1～图 66-2）。果皮易剥离，果肉为白色，肉质软溶，汁液多，味浓甜，无苦涩味，香味淡，可溶性固形物含量为 13%～15.5%，粘核，不裂。

3. 生长结果习性

树势旺，萌芽率高，成枝力较强，自花结实，生理落果及采前落果均轻。

4. 物候期

在上海地区，叶芽萌动期为 2 月底，3 月中下旬为露红期，3 月下旬为初花期，花期持续 7～9 天，4 月中旬为展叶期。4 月下旬花萼脱落，8 月上中旬果实成熟，从盛花到果实成熟 130 天左右，11 月中旬为落叶期。

图 65-2　金山 2 号（近照）

六十六、中桃 9 号

1. 植物学性状

树势中庸，树姿开张。多年生枝为褐色，一年生枝阳面暗红色，阴面暗绿色，节间长 2.6cm，复花芽起始节为 1～3 节。叶片长宽披针形，粗锯齿，叶尖渐尖，叶基广楔形，叶脉为不明显网状，叶色深绿色，平均叶长 16.1cm，叶宽 4.2cm，叶柄长 1.1cm。花为蔷薇形，花瓣粉红色，有花粉。

图 66-1　中桃 9 号（果实特性）

2. 果实经济性状

果实近圆形，整齐，缝合线浅，两侧对称，果顶凹。平均单果重 175g，大果重 243g。成熟时果面底色为黄白色，表色为红色，茸毛粗、密（图 67-1～图 67-2）。果皮易剥离，果肉为白色略带红色，肉质软溶，汁液多，味浓甜，无苦涩味，香味淡，可溶性固形物含量为 9%～11%，粘核，不裂。

3. 生长结果习性

树势旺，萌芽率高，成枝力较强，自花结实，生理落果及采前落果均轻。

4. 物候期

在上海地区，叶芽萌动期为 2 月底，3 月中下旬为露红期，3 月下旬为初花期，花期持续 7～9 天，4 月中旬为展叶期。4 月下旬花

图 66-2　中桃 9 号（近照）

萼脱落，6 月中旬果实成熟，从盛花到果实成熟 75 天左右，11 月中旬为落叶期。

六十七、突围

1. 植物学性状

树势中庸，树姿开张。多年生枝为褐色，一年生枝阳面暗红色，阴面暗绿色，节间长2.7cm，复花芽起始节为 1 ～ 3 节。叶片长宽披针形，粗锯齿，叶尖渐尖，叶基广楔形，叶脉为不明显网状，叶色深绿色，平均叶长16.4cm，叶宽4.3cm，叶柄长1.1cm。花为蔷薇形，花瓣粉红色，有花粉。

图 67-1　突围（果实特性）

2. 果实经济性状

果实近圆形，整齐，缝合线浅，两侧对称，果顶平。平均单果重291g，大果重508g。成熟时果面底色为黄白色，表色为红色，茸毛粗、密（图68-1～图68-2）。果皮不易剥离，果肉为白色略带红色，肉质软溶，汁液较多，味浓甜，无苦涩味，香味淡，可溶性固形物含量为12% ～ 14%，粘核，不裂。

3. 生长结果习性

树势旺，萌芽率高，成枝力较强，自花结实，生理落果及采前落果均轻。

4. 物候期

在上海地区，叶芽萌动期为2月底，3月中下旬为露红期，3月下旬为初花期，花期持续7 ～ 9 天，4月中旬为展叶期。4月下旬花萼脱落，8月中旬果实成熟，从盛花到果实成熟135天左右，11月中旬为落叶期。

图 67-2　突围（近照）

六十八、金山 5 号

1. 植物学性状

树势旺,树姿开张。多年生枝为褐色,一年生枝阳面暗红色,阴面暗绿色,节间长 2.7cm,复花芽起始节为 1～4 节。叶片长宽披针形,粗锯齿,叶尖渐尖,叶基广楔形,叶脉为不明显网状,叶色深绿色,平均叶长 16.1cm,叶宽 4.1cm,叶柄长 1.2cm。花为蔷薇形,花瓣粉红色,有花粉。

图 68-1 金山 5 号(果实特性)

2. 果实经济性状

果实近圆形,整齐,缝合线浅,两侧对称,果顶平。平均单果重 206g,大果重 368g。成熟时果面底色为黄白色,表色为红色,茸毛粗、密(图 69-1～图 69-2)。果皮易剥离,果肉为白色,肉质软溶,汁液较多,味浓甜,无苦涩味,香味淡,可溶性固形物含量为 12%～14%,粘核,不裂。

3. 生长结果习性

树势旺,萌芽率高,成枝力较强,自花结实,生理落果及采前落果均轻。

4. 物候期

在上海地区,叶芽萌动期为 2 月底,3 月中下旬为露红期,3

图 68-2 金山 5 号(近照)

月下旬为初花期,花期持续 7～9 天,4 月中旬为展叶期。4 月下旬花萼脱落,7 月中旬果实成熟,从盛花到果实成熟 105 天左右,11 月中旬为落叶期。

六十九、浦早 2 号

1. 植物学性状

树势中庸，树姿开张。多年生枝为褐色，一年生枝阳面暗红色，阴面暗绿色，节间长 2.4cm，复花芽起始节为 1～3 节。叶片长宽披针形，粗锯齿，叶尖渐尖，叶基广楔形，叶脉为不明显网状，叶色深绿色，平均叶长 15.6cm，叶宽 4.1cm，叶柄长 1.1cm。花为蔷薇形，花瓣粉红色，有花粉。

图 69-1　浦早 2 号（近照）

2. 果实经济性状

果实近圆形，整齐，缝合线浅，两侧对称，果顶凹。平均单果重 165g，大果重 223g。成熟时果面底色为黄白色，表色为红色，茸毛粗、密（图 70-1～图 70-2）。果皮易剥离，果肉为白色，肉质软溶，汁液多，味浓甜，无苦涩味，香味淡，可溶性固形物含量为 9%～11%，粘核，不裂。

3. 生长结果习性

树势旺，萌芽率高，成枝力较强，自花结实，生理落果及采前落果均轻。

4. 物候期

在上海地区，叶芽萌动期为 2 月底，3 月中下旬为露红期，3 月下旬为初花期，花期持续 7～9 天，4 月中旬为展叶期。4 月下旬花萼脱落，5 月底果实成熟，从盛花到果实成熟 60 天左右，11 月中旬为落叶期。

图 69-2　浦早 2 号（果实特性）

七十、新西兰毛桃

1. 植物学性状

树势旺，树姿开张。多年生枝为褐色，一年生枝阳面暗红色，阴面暗绿色，节间长 2.6cm，复花芽起始节为 1～4 节。叶片长宽披针形，粗锯齿，叶尖渐尖，叶基广楔形，叶脉为不明显网状，叶色深绿色，平均叶长 16.2cm，叶宽 4.2cm，叶柄长 1.1cm。花为蔷薇形，花瓣粉红色，有花粉。

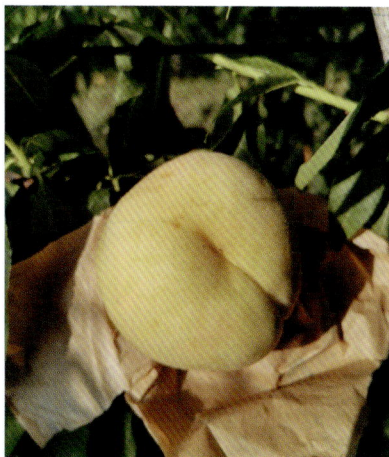

图 70-1 新西兰毛桃（果实特性）

2. 果实经济性状

果实近圆形，整齐，缝合线浅，两侧对称，果顶凹。平均单果重 210g，大果重 353g。成熟时果面底色为黄白色，表色为红色，茸毛粗、密（图 71-1～图 71-2）。果皮易剥离，果肉为白色，肉质软溶，汁液多，味浓甜，无苦涩味，香味淡，可溶性固形物含量为 12%～14%，粘核，不裂。

3. 生长结果习性

树势旺，萌芽率高，成枝力较强，自花结实，生理落果及采前落果均轻。

4. 物候期

在上海地区，叶芽萌动期为 2 月底，3 月中下旬为露红期，3 月下旬为初花期，花期持续 7～9 天，4 月中旬为展叶期。4 月下旬花萼脱落，7 月中旬果实成熟，从盛花到果实成熟 105 天左右，11 月中旬为落叶期。

图 70-2 新西兰毛桃（近照）

七十一、大团蜜露

1. 植物学性状

树势旺，树姿开张。多年生枝为褐色，一年生枝阳面暗红色，阴面暗绿色，节间长2.7cm，复花芽起始节为 1 ~ 3 节。叶片长宽披针形，粗锯齿，叶尖渐尖，叶基广楔形，叶脉为不明显网状，叶色深绿色，平均叶长15.8cm，叶宽 4.1cm，叶柄长 1.1cm。花为蔷薇形，花瓣粉红色，无花粉。

图 71-1　大团蜜露（果实特性）

2. 果实经济性状

果实近圆形，整齐，缝合线浅，两侧对称，果顶凹。平均单果重 220g，大果重 560g。成熟时果面底色为黄白色，表色为红色，茸毛粗、密（图 72-1 ～图 72-2）。果皮易剥离，果肉为白色，肉质软溶，汁液多，味浓甜，无苦涩味，香味淡，可溶性固形物含量为 12% ～ 14%，粘核，少量裂核。

3. 生长结果习性

树势旺，萌芽率高，成枝力较强，自花结实，生理落果及采前落果均轻。

4. 物候期

在上海地区，叶芽萌动期为 2 月底，3月中下旬为露红期，3月下旬为初花期，花期持续 7 ～ 9 天，4 月中旬为展叶期。4 月下旬花萼脱落，7 月中旬果实成熟，从盛花到果实成熟 105 天左右，11 月中旬为落叶期。

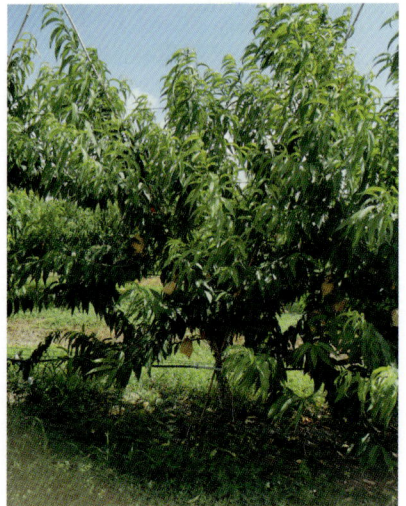

图 71-2　大团蜜露（近照）

七十二、红清水

1. 植物学性状

树势旺，树姿开张。多年生枝为褐色，一年生枝阳面暗红色，阴面暗绿色，节间长 2.6cm，复花芽起始节为 1～4 节。叶片长宽披针形，粗锯齿，叶尖渐尖，叶基广楔形，叶脉为不明显网状，叶色深绿色，平均叶长 16.1cm，叶宽 4.2cm，叶柄长 1.1cm。花为蔷薇形，花瓣粉红色，无花粉。

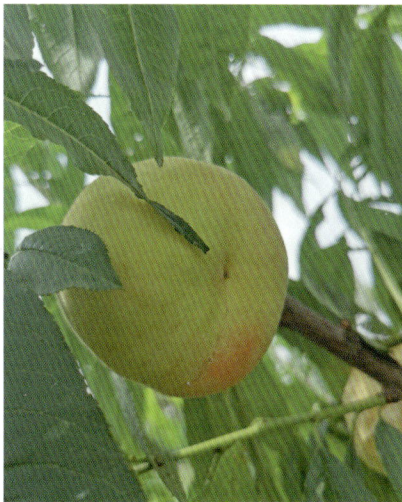

图 72-1　红清水（果实特性）

2. 果实经济性状

果实近圆形，整齐，缝合线浅，两侧对称，果顶凹。平均单果重 186g，大果重 358g。成熟时果面底色为黄白色，表色为红色，茸毛粗、密（图 73-1～图 73-2）。果皮易剥离，果肉为白色，肉质软溶，汁液多，味浓甜，无苦涩味，香味淡，可溶性固形物含量为 11%～13%，粘核，不裂。

3. 生长结果习性

树势旺，萌芽率高，成枝力较强，自花结实，生理落果及采前落果均轻。

4. 物候期

在上海地区，叶芽萌动期为 2 月底，3 月中下旬为露红期，3 月下旬为初花期，花期持续 7～9 天，4 月中旬为展叶期。4 月下旬花萼脱落，6 月底果实成熟，从盛花到果实成熟 90 天左右，11 月中旬为落叶期。

图 72-2　红清水（近照）

七十三、台湾早桃

1. 植物学性状

树势中庸，树姿开张。多年生枝为褐色，一年生枝阳面暗红色，阴面暗绿色，节间长 2.5cm，复花芽起始节为 1～3 节。叶片长宽披针形，粗锯齿，叶尖渐尖，叶基广楔形，叶脉为不明显网状，叶色深绿色，平均叶长 16.4cm，叶宽 4.2cm，叶柄长 1.1cm。花为蔷薇形，花瓣粉红色，有花粉。

图 73-1　台湾早桃（果实特性）

2. 果实经济性状

果实近圆形，整齐，缝合线浅，两侧对称，果顶凹。平均单果重 156g，大果重 243g。成熟时果面底色为黄白色，表色为红色，茸毛粗、密（图 74-1～图 74-2）。果皮易剥离，果肉为白色，肉质软溶，汁液多，味浓甜，无苦涩味，香味淡，可溶性固形物含量为 10.5%～12%，粘核，不裂。

3. 生长结果习性

树势旺，萌芽率高，成枝力较强，自花结实，生理落果及采前落果均轻。

4. 物候期

在上海地区，叶芽萌动期为 2 月底，3 月中下旬为露红期，3 月下旬为初花期，花期持续 7～9 天，4 月中旬为展叶期。4 月下旬花萼脱落，6 月中旬果实成熟，从盛花到果实成熟 75 天左右，11 月中旬为落叶期。

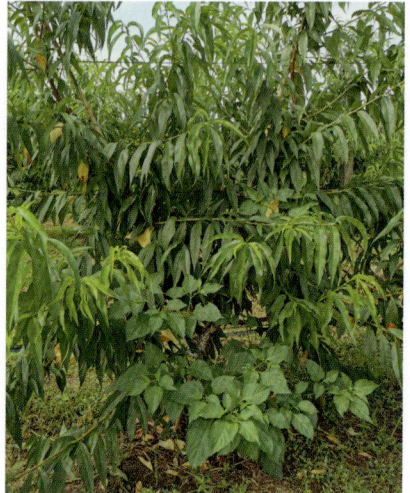

图 73-2　台湾早桃（近照）

七十四、日本黄桃

1. 植物学性状

树势中庸，树姿开张。多年生枝为褐色，一年生枝阳面暗红色，阴面暗绿色，节间长 2.5cm，复花芽起始节为 1～3 节。叶片长宽披针形，粗锯齿，叶尖渐尖，叶基广楔形，叶脉为不明显网状，叶色深绿色，平均叶长 16.4cm，叶宽 4.2cm，叶柄长 1.1cm。花为蔷薇形，花瓣粉红色，有花粉。

图 74-1 日本黄桃（果实特性）

2. 果实经济性状

果实近圆形，整齐，缝合线浅，两侧对称，果顶凹。平均单果重 156g，大果重 243g。成熟时果面底色为黄白色，表色为黄色，茸毛粗、密（图 75-1～图 75-2）。果皮易剥离，果肉黄色，肉质软溶，汁液多，味浓甜，无苦涩味，香味淡，可溶性固形物含量为 11%～13%，粘核，不裂。

3. 生长结果习性

树势旺，萌芽率高，成枝力较强，自花结实，生理落果及采前落果均轻。

4. 物候期

在上海地区，叶芽萌动期为 2 月底，3 月中下旬为露红期，3 月下旬为初花期，花期持续 7～9 天，4 月中旬为展叶期。

图 74-2 日本黄桃（近照）

4 月下旬花萼脱落，6 月下旬果实成熟，从盛花到果实成熟 90 天左右，11 月中旬为落叶期。

七十五、金灿

1.植物学性状

树势中等，树姿开张。多年生枝为褐色，一年生枝阳面暗红色，阴面暗绿色，平均节间长度2.4cm，复花芽起始节为1～4节。叶片狭披针形，钝锯齿，叶尖渐尖，叶基广楔形，叶脉为网状，叶色绿色，平均叶长16.1cm，叶宽3.8cm，叶柄长1.1cm。花为蔷薇形，花瓣粉红色，有花粉。

图75-1 金灿（果实特性）

2.果实经济性状

果实圆形，整齐，缝合线浅，两侧对称，果顶凹。平均单果重256g，大果重400g。成熟时果面底色为金黄，茸毛细、密（图76-1～图76-2）。果皮易剥离，果肉金黄，近核处红色，肉质溶质、致密，汁液中等，味甜，微酸，无苦涩味，香味浓，可溶性固形物含量为9%～12%，粘核，不裂。

3.生长结果习性

树势中等，萌芽率高，成枝力强，自花结实能力强，坐果率高。生理落果及采前落果均轻。

图75-2 金灿（近照）

4.物候期

在上海地区，叶芽萌动期为2月底，3月中旬为露红期，3月中下旬为初花期，花期持续7～10天，4月上中旬为展叶期。4月中下旬花萼脱落，6月初果实成熟，从盛花到果实成熟60天左右，11月中旬为落叶期。

七十六、金花露

1. 植物学性状

树势中等，树姿开张。多年生枝为褐色，一年生枝阳面暗红色，阴面暗绿色，平均节间长度 2.6cm，复花芽起始节为 1～3 节。叶片狭披针形，钝锯齿，叶尖渐尖，叶基广楔形，叶脉为网状，叶色绿色，平均叶长 15.7cm，叶宽 3.8cm，叶柄长 1.1cm。花为蔷薇形，花瓣粉红色，有花粉。

图 76-1　金花露（果实特性）

2. 果实经济性状

果实圆形，整齐，缝合线浅，两侧对称，果顶凹。平均单果重 258g，大果重 410g。成熟时果面底色为金黄，茸毛细、密（图 77-1～图 77-2）。果皮易剥离，果肉金黄，近核处红色，肉质溶质、致密，汁液中等，味甜，微酸，无苦涩味，香味浓，可溶性固形物含量为 10%～13%，粘核，不裂。

3. 生长结果习性

树势中等，萌芽率高，成枝力强，自花结实能力强，坐果率高。生理落果及采前落果均轻。

4. 物候期

在上海地区，叶芽萌动期为 2 月底，3 月中旬为露红期，3 月中下旬为初花期，花期持续 7～10 天，4 月上中旬为展叶期。4 月中下旬花萼脱落，7 月上

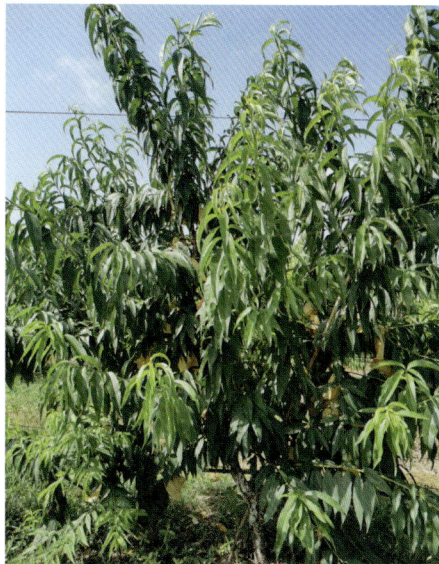

图 76-2　金花露（近照）

旬果实成熟，从盛花到果实成熟 100 天左右，11 月中旬为落叶期。

七十七、金秋红蜜

1. 植物学性状

树势中庸，树姿开张。多年生枝为褐色，一年生枝阳面暗红色，阴面暗绿色，节间长 2.7cm，复花芽起始节为 1～3 节。叶片长宽披针形，粗锯齿，叶尖渐尖，叶基广楔形，叶脉为不明显网状，叶色深绿色，平均叶长 16.5cm，叶宽 4.2cm，叶柄长 1.1cm。花为蔷薇形，花瓣粉红色，有花粉。

图 77-1　金秋红蜜（果实特性）

2. 果实经济性状

果实近圆形，整齐，缝合线浅，两侧对称，果顶凹。平均单果重 291g，大果重 552g。成熟时果面底色为黄白色，表色为红色，茸毛粗、密（图 78-1～图 78-2）。果皮不易剥离，果肉为白色，肉质软溶，汁液多，味浓甜，无苦涩味，香味淡，可溶性固形物含量为 14.5%～18%，粘核，不裂。

3. 生长结果习性

树势旺，萌芽率高，成枝力较强，自花结实，生理落果及采前落果均轻。

4. 物候期

在上海地区，叶芽萌动期为 2 月底，3 月中下旬为露红期，3 月下旬为初花期，花期持续 7～9 天，4 月中旬为展叶期。4 月

图 77-2　金秋红蜜（近照）

下旬花萼脱落，8 月底果实成熟，从盛花到果实成熟 150 天左右，11 月中旬为落叶期。

第二节　油桃品种

一、霞光

1. 植物学性状

树势稍强，树姿开张。多年生枝为褐色，一年生枝阳面暗红色，阴面暗绿色，节间长3.08cm，复花芽起始节为1～3节。叶片长宽披针形，粗锯齿，叶尖渐尖，叶基广楔形，叶脉为不明显网状，叶色深绿色，平均叶长15.66cm，叶宽3.41cm，叶柄长0.92cm。花为铃形，花瓣粉红色，有花粉。

图 78-1　霞光（果实特性）

2. 果实经济性状

果实近圆形，整齐，缝合线浅，两侧较对称，果顶圆平。平均单果重155g，最大果重195g。成熟时果面底色为黄绿色，表色为淡红色或淡白色，茸毛粗、密（图79-1～图79-2）。果皮易剥离，果肉为白色，肉质软溶，汁液多，味浓甜，无苦涩味，香味淡，可溶性固形物含量为14.1%以上。

3. 生长结果习性

树势稍强，萌芽率高，成枝力较强，自花结实，坐果率较高。

4. 物候期

在上海地区，叶芽萌动期为2月底，3月中旬为露红期，3月中下旬为初花期，

图 78-2　霞光（近照）

花期持续8～9天，4月上中旬为展叶期。4月中下旬花萼脱落，8月中旬果实成熟，从盛花到果实成熟125天左右，11月中旬为落叶期。

二、浦油 2 号

1. 植物学性状

树势中庸，树姿开张。多年生枝为褐色，一年生枝阳面暗黄色，阴面暗褐色，平均节间长度 2.1cm，复花芽起始节为 2～3 节。叶片狭披针形，钝锯齿，叶尖渐尖，叶基广楔形，叶脉为网状，叶色绿色，平均叶长 12.8cm，叶宽 3.12cm，叶柄长 1.02cm。花为铃形，花瓣粉红色，有花粉。

图 79-1　浦油 2 号（果实特性）

2. 果实经济性状

果实近圆形，整齐，缝合线浅，两侧对称，果顶圆平。平均单果重 150g，最大果重 180g。成熟时果面底色为黄色，表色为鲜黄色，果面无茸毛（图 80-1～图 80-2）。果皮易剥离，果肉黄色，近核处黄色，肉质溶质、致密，汁液多，味浓甜，无苦涩味，可溶性固形物含量为 11% 以上，粘核，不裂。

3. 生长结果习性

萌芽率高，成枝力强，自花结实能力强，坐果率高。生理落果及采前落果均轻。

4. 物候期

在上海地区，叶芽萌动期为 2 月中下旬，3 月上旬为露红期，3 月中旬为初花期，花期持续 6～9 天，3 月底为展叶期。6 月上旬果实成熟，从盛花到果实成熟 60 天左右，11 月中旬为落叶期。

图 79-2　浦油 2 号（近照）

三、中油 4 号

1. 植物学性状

树势较强，树姿开张。多年生枝为褐色，一年生枝阳面暗红色，阴面暗绿色，平均节间长度 2.2cm，复花芽起始节为 2～4 节。叶片狭披针形，钝锯齿，叶尖渐尖，叶基广楔形，叶脉为网状，叶色绿色，平均叶长 15.5cm，叶宽 3.6cm，叶柄长 1.1cm。花为铃形，花瓣粉红色，有花粉。

图 80-1　中油 4 号（果实特性）

2. 果实经济性状

果实长圆形，整齐，缝合线浅，两侧对称，果顶圆平。果个小，平均单果重 140g，最大果重 210g。成熟时果面底色为黄绿色，表色为鲜红色，无茸毛（图 81-1～图 81-2）。果皮不易剥离，果肉黄色，肉质软溶，汁液中等，味甜，无苦涩味，香味淡，可溶性固形物含量为 11%～12.5%，粘核，不裂。

3. 生长结果习性

树势较旺，萌芽率高，成枝力强，自花结实能力强，坐果率高。生理落果及采前落果均轻。

4. 物候期

在上海地区，一般叶芽萌动期为 2 月底，3 月中旬为露红期，3 月中下旬为初花期，花期持续 7～10 天，4 月上旬为展叶期。4 月中下旬花

图 80-2　中油 4 号（近照）

萼脱落，6 月下旬果实成熟，从盛花到果实成熟 75 天左右，11 月中旬为落叶期。

四、曙光油桃

1. 植物学性状

树势强，树姿开张。多年生枝为褐色，一年生枝阳面暗红色，阴面暗绿色，平均节间长度 2.3cm，复花芽起始节为 2～4 节。叶片狭披针形，钝锯齿，叶尖渐尖，叶基广楔形，叶脉为网状，叶色绿色，平均叶长 16.1cm，叶宽 3.4cm，叶柄长 0.6cm。花为铃形，花瓣粉红色，有花粉。

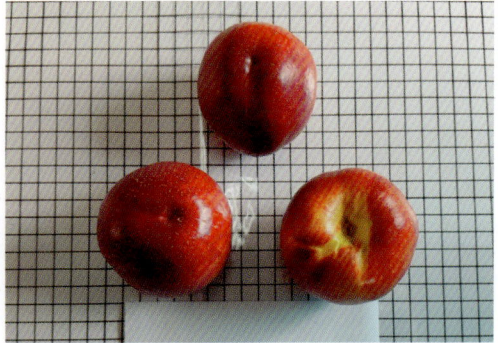

图 81-1　曙光油桃（果实特性）

2. 果实经济性状

果实长圆形，整齐，缝合线浅，两侧对称，果顶圆凸。果个小，平均单果重 110g，最大果重 165g。成熟时果面底色为黄绿色，表色为鲜红色，无茸毛（图 82-1～图 82-2）。果皮不易剥离，果肉黄色，肉质软溶，汁液中等，味甜，无苦涩味，香味淡，可溶性固形物含量为 10%～12%，粘核，不裂。

3. 生长结果习性

树势健旺，萌芽率高，成枝力强，自花结实能力强，坐果率高。生理落果及采前落果均轻。

4. 物候期

在上海地区，一般叶芽萌动期为 2 月底，3 月中旬为露红期，3 月中下旬为初花期，花期持续 7～10 天，4 月上旬为展叶期。4 月中下旬花萼脱落，

图 81-2　曙光油桃（近照）

6 月中旬果实成熟，从盛花到果实成熟 65 天左右，11 月中旬为落叶期。

五、沪黄油桃

1. 植物学性状

树势较强，树姿开张。多年生枝为褐色，一年生枝阳面暗红色，阴面暗绿色，平均节间长度 2.7cm，复花芽起始节为 2～4 节。叶片狭披针形，钝锯齿，叶尖渐尖，叶基广楔形，叶脉为网状，叶色绿色，平均叶长 13.5cm，叶宽 3.8cm，叶柄长 1.1cm。花为铃形，花瓣粉红色，有花粉。

图 82-1　沪黄油桃（果实特性）

2. 果实经济性状

果实长圆形，整齐，缝合线浅，两侧对称，果顶圆平。果个大，平均单果重 210g，最大果重 305g。成熟时果面底色为黄绿色，表色为红色，无茸毛（图 83-1～图 83-2）。果皮不易剥离，果肉黄色，近核处红色，肉质半软溶，汁液较多，味酸甜，无苦涩味，香味淡，可溶性固形物含量为 11.5%～13%，粘核，不裂。

3. 生长结果习性

树势健旺，萌芽率高，成枝力强，自花结实能力强，坐果率高。生理落果及采前落果均轻。

图 82-2　沪黄油桃（近照）

4. 物候期

在上海地区，一般叶芽萌动期为 2 月底，3 月中旬为露红期，3 月下旬为初花期，花期持续 7～10 天，4 月上中旬为展叶期。4 月中下旬花萼脱落，8 月中旬成熟，从盛花到果实成熟 140 天左右，11 月中旬为落叶期。

六、中油 16 号

1. 植物学性状

树势中庸，树姿开张。多年生枝为褐色，一年生枝阳面暗黄色，阴面暗褐色，平均节间长度 2.2cm，复花芽起始节为 1 ～ 4 节。叶片狭披针形，钝锯齿，叶尖渐尖，叶基广楔形，叶脉为网状，叶色绿色，平均叶长 12.6cm，叶宽 3.5cm，叶柄长 1.2cm。花为铃形，花瓣粉红色，有花粉。

2. 果实经济性状

果实近圆形，整齐，缝合线浅，两侧对称，果顶圆平。平均单果重 190g，最大果重 356g。成熟时果面底色为黄色，表色为鲜黄色，果面无茸毛（图 84-1 ～图 84-2）。果皮易剥离，果肉黄色，近核处黄色，肉质溶质、致密，汁液多，味浓甜，无苦涩味，可溶性固形物含量为 11% 以上，粘核，不裂。

图 83-1　中油 16 号（果实特性）

3. 生长结果习性

萌芽率高，成枝力强，自花结实能力强，坐果率高。生理落果及采前落果均轻。

4. 物候期

在上海地区，叶芽萌动期为 2 月中下旬，3 月上旬为露红期，3 月中旬为初花期，花期持

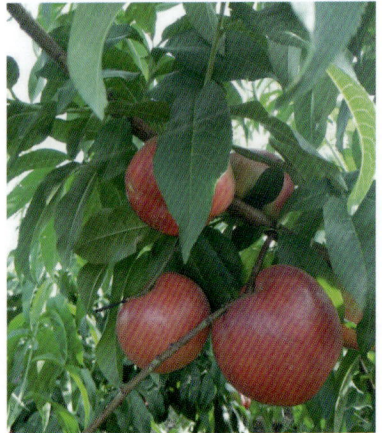

图 83-2　中油 16 号（近照）

续 6 ～ 9 天，3 月底为展叶期。6 月上旬果实成熟，从盛花到果实成熟 60 天左右，11 月中旬为落叶期。

七、元秋红油桃

1. 植物学性状

树势中庸，树姿开张。多年生枝为褐色，一年生枝阳面暗黄色，阴面暗褐色，平均节间长度 2.4cm，复花芽起始节为 1～4 节。叶片狭披针形，钝锯齿，叶尖渐尖，叶基广楔形，叶脉为网状，叶色绿色，平均叶长14.5cm，叶宽 4.1cm，叶柄长 1.1cm。花为铃形，花瓣粉红色，有花粉。

图 84-1　元秋红油桃（果实特性）

2. 果实经济性状

果实近圆形，整齐，缝合线浅，两侧对称，果顶圆平。平均单果重204g，最大果重 311g。成熟时果面底色为黄色，表色为鲜黄色，果面无茸毛（图85-1～图 85-2）。果皮易剥离，果肉黄色，近核处黄色，肉质溶质、致密，汁液多，味浓甜，无苦涩味，可溶性固形物含量为13%～15%，粘核，不裂。

3. 生长结果习性

萌芽率高，成枝力强，自花结实能力强，坐果率高。生理落果及采前落果均轻。

4. 物候期

在上海地区，叶芽萌动期为 2 月中下旬，3 月上旬为露红期，3 月中旬为初花期，花期持续 6～9 天，3 月底为展叶期。7 月下

图 84-2　元秋红油桃（近照）

旬果实成熟，从盛花到果实成熟 110 天左右，11 月中旬为落叶期。

八、浦油 1 号

1. 植物学性状

树势中庸，树姿开张。多年生枝为褐色，一年生枝阳面暗黄色，阴面暗褐色，平均节间长度 2.7cm，复花芽起始节为 1～4 节。叶片狭披针形，钝锯齿，叶尖渐尖，叶基广楔形，叶脉为网状，叶色绿色，平均叶长 15.5cm，叶宽 4.3cm，叶柄长 1.1cm。花为铃形，花瓣粉红色，有花粉。

图 85-1　浦油 1 号（果实特性）

2. 果实经济性状

果实近圆形，整齐，缝合线浅，两侧对称，果顶圆平。平均单果重 124g，最大果重 221g。成熟时果面底色为黄色，表色为鲜黄色，果面无茸毛（图 86-1～图 86-2）。果皮易剥离，果肉黄色，近核处黄色，肉质溶质、致密，汁液多，味浓甜，无苦涩味，可溶性固形物含量为 10%～12%，粘核，不裂。

3. 生长结果习性

萌芽率高，成枝力强，自花结实能力强，坐果率高。生理落果及采前落果均轻。

4. 物候期

在上海地区，叶芽萌动期为 2 月中下旬，3 月上旬为露红期，3 月中旬为初花期，花期持续 7～10 天，3 月底为展叶期。6 月中旬

图 85-2　浦油 1 号（近照）

果实成熟，从盛花到果实成熟 75 天左右，11 月中旬为落叶期。

九、浦油 3 号

1.植物学性状

树势中庸，树姿开张。多年生枝为褐色，一年生枝阳面暗黄色，阴面暗褐色，平均节间长度 2.6cm，复花芽起始节为 1～4 节。叶片狭披针形，钝锯齿，叶尖渐尖，叶基广楔形，叶脉为网状，叶色绿色，平均叶长 16.1cm，叶宽 4.2cm，叶柄长 1.2cm。花为铃形，花瓣粉红色，有花粉。

图 86-1　浦油 3 号（果实特性）

2.果实经济性状

果实近圆形，整齐，缝合线浅，两侧对称，果顶圆平。平均单果重 178g，最大果重 286g。成熟时果面底色为黄色，表色为鲜黄色，果面无茸毛（图 87-1～图 87-2）。果皮易剥离，果肉黄色，近核处黄色，肉质溶质、致密，汁液多，味浓甜，无苦涩味，可溶性固形物含量为 12%～15%，粘核，不裂。

3.生长结果习性

萌芽率高，成枝力强，自花结实能力强，坐果率高。生理落果及采前落果均轻。

图 86-2　浦油 3 号（近照）

4.物候期

在上海地区，叶芽萌动期为 2 月中下旬，3 月上旬为露红期，3 月中旬为初花期，花期持续 7～10 天，3 月底为展叶期。7 月中旬果实成熟，从盛花到果实成熟 105 天左右，11 月中旬为落叶期。

第三节　蟠桃品种

一、早魁蜜

1.植物学性状

树势强，树姿开张。多年生枝为褐色，一年生枝阳面暗红色，阴面暗绿色，节间长 2.71cm，复花芽起始节为 1～3 节。叶片长宽披针形，粗锯齿，叶尖渐尖，叶基广楔形，叶脉为不明显网状，叶色深绿色，平均叶长 15.73cm，叶宽 3.89cm，叶柄长 0.92cm。花为蔷薇形，花瓣粉红色，有花粉。

图 87-1　早魁蜜（果实特性）

2.果实经济性状

果实扁平形，整齐，缝合线明显，两侧较对称，果顶凹入。果个大，平均单果重 130g，最大果重 150g。成熟时果面底色为绿色，表色为浅红色，茸毛细、密（图 88-1～图 88-2）。果皮易剥离，果肉为白色，近核处红色，肉质较软，汁液多，味浓甜，无苦涩味，可溶性固形物含量为 12.5%，粘核。

3.生长结果习性

树势健旺，萌芽率高，成枝力较强，自花结实能力强，坐果率高。

4.物候期

在上海地区，叶芽萌动期为 2 月下旬，3 月末为露红期，4 月上旬为初花期，

图 87-2　早魁蜜（近照）

花期持续 7～8 天，4 月下旬为展叶期。4 月下旬花萼脱落，7 月中旬果实成熟，从盛花到果实成熟 100 天左右，11 月中旬为落叶期。

二、早硕蜜

1. 植物学性状

树势强，树姿开张。多年生枝为褐色，一年生枝阳面暗红色，阴面暗绿色，节间长 2.11cm，复花芽起始节为 1～3 节。叶片长宽披针形，粗锯齿，叶尖渐尖，叶基广楔形，叶脉为不明显网状，叶色深绿色，平均叶长 14.96cm，叶宽 4.04cm，叶柄长 1.06cm。花为蔷薇形，花瓣粉红色，无花粉。

图 88-1 早硕蜜（果实特性）

2. 果实经济性状

果实扁平形，整齐，缝合线明显，两侧较对称，果顶凹入。平均单果重 100g，最大果重 135g。成熟时果面底色为绿色，表色为浅红色，茸毛细、密（图 89-1～图 89-2）。果皮易剥离，果肉为白色，近核处红色，肉质软溶，汁液多，味浓甜，无苦涩味，可溶性固形物含量为 11.2%，粘核，不裂。

3. 生长结果习性

树势健旺，萌芽率高，成枝力较强，自花不结实能力强，需配授粉树。

4. 物候期

在上海地区，叶芽萌动期为 2 月下旬，3 月中下旬为露红期，3 月下旬为初花期，花期持续 7～8 天，4 月中下旬为展叶期。4 月中下旬花萼脱落，6 月上旬果实成熟，从盛花到果实成熟 65 天左右，11 月中旬为落叶期。

图 88-2 早硕蜜（近照）

三、中蟠 11 号

1. 植物学性状

树势强，树姿开张。多年生枝为褐色，一年生枝阳面暗红色，阴面暗绿色，节间长 2.7cm，复花芽起始节为 1～3 节。叶片长宽披针形，粗锯齿，叶尖渐尖，叶基广楔形，叶脉为不明显网状，叶色深绿色，平均叶长 15.31cm，叶宽 3.98cm，叶柄长 1.04cm。花为蔷薇形，花瓣粉红色，有花粉。

2. 果实经济性状

图 89-1　中蟠 11 号（果实特性）

果实扁平形，整齐，缝合线明显，两侧较对称，果顶凹入。平均单果重 180g，最大果重 240g。成熟时果面底色为绿色，表色为浅红色，茸毛细、密（图 90-1～图 90-2）。果皮易剥离，果肉橙黄色，肉质较硬，味浓甜，无苦涩味，可溶性固形物含量为 13.2%，粘核，不裂。

3. 生长结果习性

树势健旺，萌芽率高，成枝力较强，自花结实能力强，自然坐果率较高。

4. 物候期

在上海地区，叶芽萌动期为 2 月底，3 月中下旬为露红期，3 月下旬为初花期，花期持续 7～8 天，4 月中旬为展叶期。4 月下旬花萼脱落，7 月

图 89-2　中蟠 11 号（近照）

中旬果实成熟，从盛花到果实成熟 105 天左右，11 月中旬为落叶期。

四、瑞蟠13号

1. 植物学性状

树势较强，树姿开张。多年生枝为褐色，一年生枝阳面暗红色，阴面暗绿色，节间长2.6cm，复花芽起始节为1～3节。叶片长宽披针形，粗锯齿，叶尖渐尖，叶基广楔形，叶脉为不明显网状，叶色深绿色，平均叶长15.84cm，叶宽3.82cm，叶柄长0.89cm。花为蔷薇形，花瓣粉红色，有花粉。

图90-1　瑞蟠13号（果实特性）

2. 果实经济性状

果实扁平形，整齐，缝合线深，两侧较对称，果顶凹入。平均单果重130g，最大果重185g。成熟时果面底色为黄白色，表色为浅红色，茸毛细、密（图91-1～图91-2）。果皮易剥离，果肉黄白色，近核处红色，肉质硬溶质，味浓甜，无苦涩味，可溶性固形物含量为11.3%。

3. 生长结果习性

树势较强，萌芽率高，成枝力较强，自花结实能力强。

4. 物候期

在上海地区，叶芽萌动期为2月底，3月下旬为露红期，3月底为初花期，花期持续6～7天，4月中旬为展叶期。4月下旬花萼脱落，6月中旬果实成熟，从盛花到果实成熟75天左右，11月中旬为落叶期。

图90-2　瑞蟠13号（近照）

五、瑞蟠 18 号

1. 植物学性状

树势稍强，树姿开张。多年生枝为褐色，一年生枝阳面暗红色，阴面暗绿色，节间长 2.66cm，复花芽起始节为 1～3 节。叶片长宽披针形，粗锯齿，叶尖渐尖，叶基广楔形，叶脉为不明显网状，叶色为深绿色，平均叶长 15.52cm，叶宽 3.78cm，叶柄长 0.85cm。花为蔷薇形，花瓣粉红色，有花粉。

图 91-1　瑞蟠 18 号（果实特性）

2. 果实经济性状

果实扁平形，整齐，缝合线明显，两侧较对称，果顶凹入。平均单果重 155g，最大果重 195g。成熟时果面底色为黄白色，表色为红色，茸毛密（图 92-1～图 92-2）。果皮易剥离，果肉黄白色，近核处少红色，肉质硬溶质，味浓甜，无苦涩味，可溶性固形物含量为 12.7%。

3. 生长结果习性

树势中庸，萌芽率高，成枝力较强，自花结实能力强。

4. 物候期

在上海地区，叶芽萌动期为 2 月底，3 月下旬为露红期，3 月底为初花期，花期持续 7～9 天，4 月下旬为展叶期。4 月下旬花萼脱落，7 月中旬果实成熟，从盛花到果实成熟 105 天左右，11 月中旬为落叶期。

图 91-2　瑞蟠 18 号（近照）

六、撒花红蟠桃

1. 植物学性状

树势中庸，树姿开张。多年生枝为褐色，一年生枝阳面暗红色，阴面暗绿色，节间长2.61cm，复花芽起始节为1～3节。叶片长宽披针形，粗锯齿，叶尖渐尖，叶基广楔形，叶脉为不明显网状，叶色深绿色，平均叶长16.19cm，叶宽4.09cm，叶柄长0.93cm。花为蔷薇形，花瓣粉红色，有花粉。

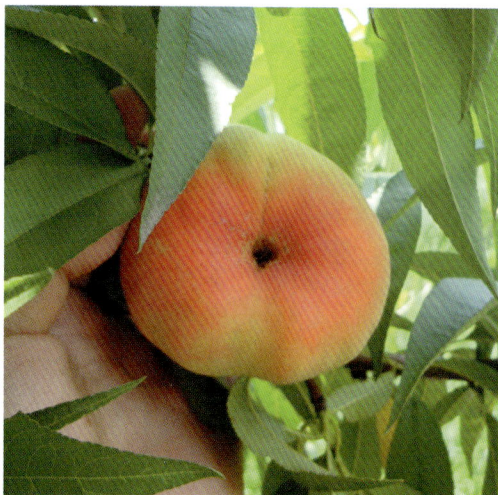

图92-1 撒花红蟠桃（果实特性）

2. 果实经济性状

果实扁平形，整齐，缝合线深，两侧较对称，果顶凹入。平均单果重115g，最大果重155g。成熟时果面底色为绿色，表色为浅红色，茸毛细、密（图93-1～图93-2）。果皮易剥离，果肉乳黄色，近核处红色，肉质软溶，汁液多，味浓甜，无苦涩味，可溶性固形物含量为11.8%，粘核，不裂。

3. 生长结果习性

树势中庸，萌芽率高，成枝力较强，自花结实能力强。

4. 物候期

在上海地区，叶芽萌动期为2月下旬，3月中旬为露红期，3月中下旬为初花期，花期持续7～8

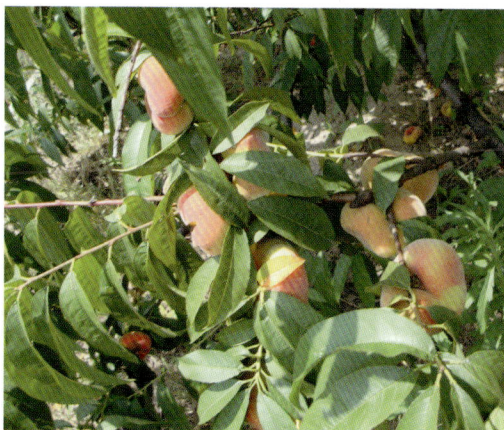

图92-2 撒花红蟠桃（近照）

天，4月中旬为展叶期。4月下旬花萼脱落，7月中下旬果实成熟，从盛花到果实成熟110天左右，11月中旬为落叶期。

七、早黄蟠桃

1.植物学性状

树势稍强，树姿开张。多年生枝为褐色，一年生枝阳面暗红色，阴面暗绿色，节间长 2.46cm，复花芽起始节为 1～3 节。叶片长宽披针形，粗锯齿，叶尖渐尖，叶基广楔形，叶脉为不明显网状，叶色深绿色，平均叶长

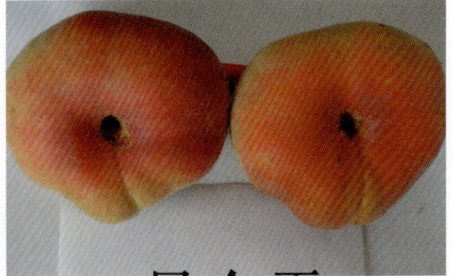

图 93-1　早黄蟠桃（果实特性）

16.36cm，叶宽 3.99cm，叶柄长 0.9cm。花为蔷薇形，花瓣粉红色，有花粉。

2.果实经济性状

果实扁平形，整齐，缝合线明显，两侧不对称，果顶凹入。平均单果重 110g，最大果重 130g。成熟时果面底色为绿色，表色为浅红色，茸毛细、密（图 94-1～图 94-2）。果皮不易剥离，果肉黄色，近核处红色，肉质较硬，味浓甜，无苦涩味，可溶性固形物含量为 9.8%。

3.生长结果习性

树势稍旺，萌芽率高，成枝力较强，自花结实能力强，自然坐果率高。

4.物候期

在上海地区，叶芽萌动期为 2 月中旬，3 月中旬为露红期，3 月下旬为初花期，花期持续 7～9 天，4 月中旬为展叶期。4 月下旬花萼脱落，7 月上旬果实成熟，从盛花到果实成熟 95 天左右，11 月中旬为落叶期。

图 93-2　早黄蟠桃（近照）

八、早露蟠

1. 植物学性状

树势中等，树姿开张。多年生枝为褐色，一年生枝阳面暗红色，阴面暗绿色，节间长 2.3cm，复花芽起始节为 3～5 节。叶片长椭圆披针形，细锯齿，叶尖渐尖，叶基广楔形，叶脉为不明显网状，叶色绿色，平均叶长

图 94-1 早露蟠（果实特性）

14cm，叶宽 3.3cm，叶柄长 0.6cm。花为蔷薇形，花瓣粉红色，有花粉。

2. 果实经济性状

果形扁平，整齐，缝合线浅，两侧较对称，果顶凹入。果个中等，平均单果重 100g，最大果重 165g。成熟时果面底色为绿色，表色为红色，茸毛细、稀（图 95-1～图 95-2）。果皮易剥离，果肉为白色，肉质软溶，汁液多，味甜，无苦涩味，香味淡，可溶性固形物含量为 11.5%，粘核，不裂。

3. 生长结果习性

树势稍旺，萌芽率高，成枝力强，自花结实能力强，坐果率高。

4. 物候期

在上海地区，叶芽萌动期为 3 月下旬，3 月下旬为露红期，4 月初为初花期，花期持续 6～8 天，4 月下旬为展叶期。4 月下旬花萼脱落，

图 94-2 早露蟠（近照）

6 月上旬果实成熟，从盛花到果实成熟 60 天左右，11 月中旬为落叶期。

九、金霞油蟠

1. 植物学性状

树势强，树姿开张。多年生枝为褐色，一年生枝阳面暗红色，阴面暗绿色，平均节间长度 2.3cm，复花芽起始节为 2～3 节。叶片狭披针形，钝锯齿，叶尖渐尖，叶基广楔形，叶脉为网状，叶色绿色，平均叶长 15.5cm，叶宽 2.9cm，叶柄长 1.1cm。花为蔷薇形，花瓣粉红色，有花粉。

图 95-1　金霞油蟠（果实特性）

2. 果实经济性状

果实扁平形，整齐，缝合线浅，两侧对称，果顶凹入。果个大，平均单果重 187g，最大果重 275g。成熟时果面底色为黄绿色，表色为黄色，无茸毛（图 96-1～图 96-2）。果皮不易剥离，果肉黄色，近核处红色，肉质半软溶，汁液较多，味酸甜，无苦涩味，香味淡，可溶性固形物含量为 12.1%，粘核，不裂。

3. 生长结果习性

树势健旺，萌芽率高，成枝力强，自花结实能力强，坐果率高。生理落果及采前落果均轻。

图 95-2　金霞油蟠（近照）

4. 物候期

在上海地区，一般叶芽萌动期为 2 月底，3 月上中旬为露红期，3 月中旬为初花期，花期持续 7～10 天，3 月底为展叶期。4 月上旬花萼脱落，7 月中旬果实成熟，从盛花到果实成熟 110 天左右，11 月中旬为落叶期。

十、瑞蟠 2 号

1. 植物学性状

树势中庸，树姿开张。多年生枝为褐色，一年生枝阳面暗红色，阴面暗绿色，节间长 2.5cm，复花芽起始节为 1～2 节。叶片长宽披针形，粗锯齿，叶尖渐尖，叶基广楔形，叶脉为不明显网状，叶色深绿色，平均叶长 17.4cm，叶宽 4.6cm，叶柄长 1cm。花为蔷薇形，花瓣粉红色，有花粉。

2. 果实经济性状

果实扁圆，缝合线浅，两侧对称，果

图 96-1　瑞蟠 2 号（果实特性）

顶凹。平均单果重 150g，大果重 220g。成熟时果面底色为黄白色，表色为红色，茸毛粗、密（图 97-1～图 97-2）。果皮易剥离，果肉黄白色，肉质软溶，汁液多，味浓甜，无苦涩味，香味淡，可溶性固形物含量为 9%～11%，粘核，不裂。

3. 生长结果习性

树势旺，萌芽率高，成枝力较强，自花结实，生理落果及采前落果均轻。

4. 物候期

在上海地区，叶芽萌动期为 2 月底，3 月中下旬为露红期，3 月下旬为初花期，花期持续 7～9 天，4 月中旬为展叶期。4 月下旬花萼脱落，7 月中旬果实成熟，

图 96-2　瑞蟠 2 号（近照）

从盛花到果实成熟 105 天左右，11 月中旬为落叶期。

十一、双红蟠

1.植物学性状

树势较旺，树姿开张。多年生枝为褐色，一年生枝阳面暗红色，阴面暗绿色，节间长2.6cm，复花芽起始节为1～3节。叶片长宽披针形，粗锯齿，叶尖渐尖，叶基广楔形，叶脉为不明显网状，叶色深绿色，平均叶长17.1cm，叶宽4.5cm，叶柄长1cm。花为蔷薇形，花瓣粉红色，有花粉。

图 97-1　双红蟠（果实特性）

2.果实经济性状

果实扁圆，缝合线浅，两侧对称，果顶凹。平均单果重130g，大果重250g。成熟时果面底色为黄白色，表色为红色，茸毛粗、密（图98-1～图98-2）。果皮易剥离，果肉黄白色，肉质软溶，汁液多，味浓甜，无苦涩味，香味淡，可溶性固形物含量为10%～13%，粘核，不裂。

3.生长结果习性

树势旺，萌芽率高，成枝力较强，自花结实，生理落果及采前落果均轻。

4.物候期

在上海地区，叶芽萌动期为2月底，3月中下旬为露红期，3月下旬为

图 97-2　双红蟠（近照）

初花期，花期持续7～9天，4月中旬为展叶期。4月下旬花萼脱落，6月中旬果实成熟，从盛花到果实成熟70天左右，11月中旬为落叶期。

十二、瑞蟠 3 号

1. 植物学性状

树势中庸，树姿半开张。多年生枝为褐色，一年生枝阳面暗红色，阴面绿色，节间长 2.6cm，复花芽起始节为 1～3 节。叶片长宽披针形，粗锯齿，叶尖渐尖，叶基广楔形，叶脉为不明显网状，叶色深绿色，平均叶长 16.5cm，叶宽 4.3cm，叶柄长 1.1cm。花为蔷薇形，花瓣粉红色，有花粉。

图 98-1　瑞蟠 3 号（果实特性）

2. 果实经济性状

果实扁圆，缝合线浅，两侧对称，果顶凹。平均单果重 210g，大果重 228g。成熟时果面底色为黄白色，表色为红色，茸毛粗、密（图 99-1～图 99-2）。果皮易剥离，果肉黄白色，肉质软溶，汁液多，味浓甜，无苦涩味，香味淡，可溶性固形物含量为 10%～13%，粘核，少量裂核。

3. 生长结果习性

树势旺，萌芽率高，成枝力较强，自花结实，生理落果及采前落果均轻。

4. 物候期

在上海地区，叶芽萌动期为 2 月底，3 月中下旬为露红期，3 月下旬为初花期，花期持续 7～10 天，4 月中旬为展叶期。4 月下旬花萼脱落，7 月底果实成熟，从盛花到果实成熟 120 天左右，11 月中旬为落叶期。

图 98-2　瑞蟠 3 号（近照）

十三、嘉庆蟠桃

1. 植物学性状

树势中庸，树姿半开张。多年生枝为褐色，一年生枝阳面暗红色，阴面绿色，节间长 2.7cm，复花芽起始节为 1～4 节。叶片长宽披针形，粗锯齿，叶尖渐尖，叶基广楔形，叶脉为不明显网状，叶色深绿色，平均叶长 15.9cm，叶宽 4.2cm，叶柄长 1.1cm。花为蔷薇形，花瓣粉红色，有花粉。

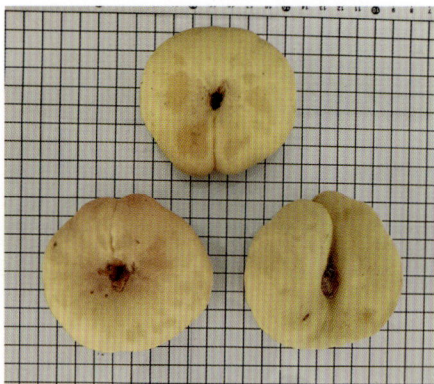

图 99-1　嘉庆蟠桃（果实特性）

2. 果实经济性状

果实扁圆，缝合线浅，两侧对称，果顶凹。平均单果重 140g，大果重 215g。成熟时果面底色为黄白色，表色为黄色，茸毛粗、密（图 100-1～图 100-2）。果皮易剥离，果肉黄白色，肉质软溶，汁液多，味浓甜，无苦涩味，香味淡，可溶性固形物含量为 12%～15%，粘核，少量裂核。

3. 生长结果习性

树势旺，萌芽率高，成枝力较强，自花结实，生理落果及采前落果均轻。

4. 物候期

在上海地区，叶芽萌动期为 2 月底，3 月中下旬为露红期，3 月下旬为初花期，花期持续 7～10 天，4 月中旬为展叶期。4 月下旬花萼脱落，8 月上中旬果实成熟，从盛花到果实成熟 130 天左右，11 月中旬为落叶期。

图 99-2　嘉庆蟠桃（近照）

十四、玉露蟠桃

1. 植物学性状

树势中庸，树姿开张。多年生枝为褐色，一年生枝阳面暗红色，阴面绿色，节间长2.6cm，复花芽起始节为 1 ～ 4 节。叶片长宽披针形，粗锯齿，叶尖渐尖，叶基广楔形，叶脉为不明显网状，叶色深绿色，平均叶长 15.7cm，叶宽 4.1cm，叶柄长 1.2cm。花为蔷薇形，花瓣粉红色，有花粉。

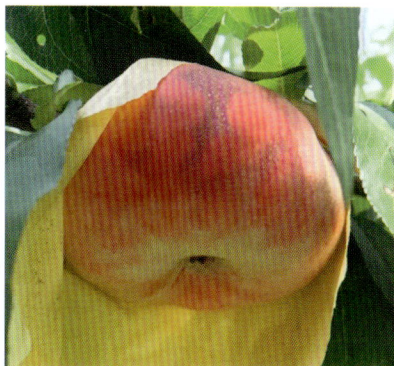
图 100-1　玉露蟠桃（果实特性）

2. 果实经济性状

果实扁圆，缝合线浅，两侧对称，果顶凹。平均单果重 150g，大果重290g。成熟时果面底色为黄白色，表色为黄色，茸毛粗、密（图 101-1 ～图 101-2）。果皮易剥离，果肉黄白色，肉质软溶，汁液多，味浓甜，无苦涩味，香味淡，可溶性固形物含量为 13% ～ 15%，粘核。

3. 生长结果习性

树势旺，萌芽率高，成枝力较强，自花结实，生理落果及采前落果均轻。

4. 物候期

在上海地区，叶芽萌动期为 2 月底，3月中下旬为露红期，3 月下旬为初花期，花

图 100-2　玉露蟠桃（近照）

期持续 7 ～ 10 天，4 月中旬为展叶期。4 月下旬花萼脱落，8 月上中旬果实成熟，从盛花到果实成熟 130 天左右，11 月中旬为落叶期。

十五、黄露蟠桃

1. 植物学性状

树势中庸，树姿开张。多年生枝为褐色，一年生枝阳面暗红色，阴面绿色，节间长 2.6cm，复花芽起始节为 1～4 节。叶片长宽披针形，粗锯齿，叶尖渐尖，叶基广楔形，叶脉为不明显网状，叶色深绿色，平均叶长 15.7cm，叶宽 4.1cm，叶柄长 1.2cm。花为蔷薇形，花瓣粉红色，有花粉。

图 101-1　黄露蟠桃（果实特性）

2. 果实经济性状

果实扁圆，缝合线浅，两侧对称，果顶凹。平均单果重 150g，大果重 290g。成熟时果面底色为黄白色，表色为黄色，茸毛粗、密（图 102-1～图 102-2）。果皮易剥离，果肉黄白色，肉质软溶，汁液多，味浓甜，无苦涩味，香味淡，可溶性固形物含量为 13%～15%，粘核。

3. 生长结果习性

树势旺，萌芽率高，成枝力较强，自花结实，生理落果及采前落果均轻。

4. 物候期

在上海地区，叶芽萌动期为 2 月底，3月中下旬为露红期，3 月下旬为初花期，花期

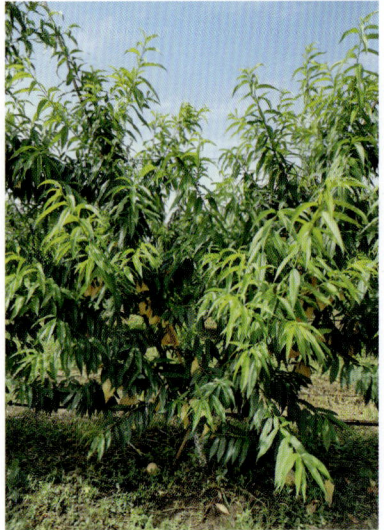

图 101-2　黄露蟠桃（近照）

持续 7～10 天，4 月中旬为展叶期。4 月下旬花萼脱落，8 月上中旬果实成熟，从盛花到果实成熟 130 天左右，11 月中旬为落叶期。

十六、白蜜蟠桃

1. 植物学性状

树势中庸，树姿开张。多年生枝为褐色，一年生枝阳面暗红色，阴面绿色，节间长2.6cm，复花芽起始节为1～3节。叶片长宽披针形，粗锯齿，叶尖渐尖，叶基广楔形，叶脉为不明显网状，叶色深绿色，平均叶长15.9cm，叶宽4.1cm，叶柄长1.2cm。花为蔷薇形，花瓣粉红色，有花粉。

图102-1　白蜜蟠桃（果实特性）

2. 果实经济性状

果实扁圆，缝合线浅，两侧对称，果顶凹。平均单果重150g，大果重290g。成熟时果面底色为黄白色，表色为黄色，茸毛粗、密（图103-1～图103-2）。果皮易剥离，果肉黄白色，肉质软溶，汁液多，味浓甜，无苦涩味，香味淡，可溶性固形物含量为13%～15%，粘核。

3. 生长结果习性

树势旺，萌芽率高，成枝力较强，自花结实，生理落果及采前落果均轻。

4. 物候期

在上海地区，叶芽萌动期为2月底，3月中下旬为露红期，3月下旬为初花期，花期持续7～10天，4月中旬为展叶期。4月

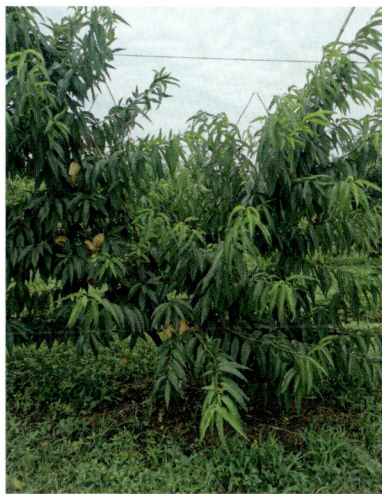

图102-2　白蜜蟠桃（近照）

下旬花萼脱落，8月上中旬果实成熟，从盛花到果实成熟130天左右，11月中旬为落叶期。

十七、晚熟大蟠桃

1. 植物学性状

树势中庸，树姿开张。多年生枝为褐色，一年生枝阳面暗红色，阴面绿色，节间长 2.6cm，复花芽起始节为 1 ~ 4 节。叶片长宽披针形，粗锯齿，叶尖渐尖，叶基广楔形，叶脉为不明显网状，叶色深绿色，平均叶长 16.8cm，叶宽 4.2cm，叶柄长 1.2cm。花为蔷薇形，花瓣粉红色，有花粉。

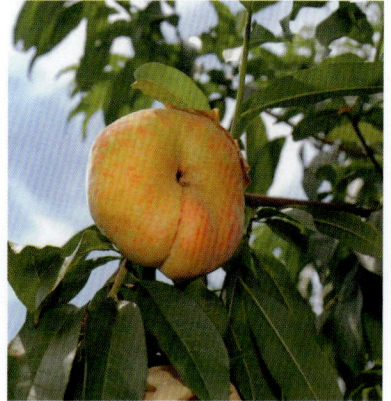

图 103-1　晚熟大蟠桃（果实特性）

2. 果实经济性状

果实扁圆，缝合线浅，两侧对称，果顶凹。平均单果重 160g，大果重 310g。成熟时果面底色为黄白色，表色为红色，茸毛粗、密（图 104-1 ~ 图 104-2）。果皮易剥离，果肉黄白色，肉质软溶，汁液多，味浓甜，无苦涩味，香味淡，可溶性固形物含量为 13% ~ 15%，粘核。

3. 生长结果习性

树势旺，萌芽率高，成枝力较强，自花结实，生理落果及采前落果均轻。

4. 物候期

在上海地区，叶芽萌动期为 2 月底，3 月中下旬为露红期，3 月下旬为初花期，花期持续 7 ~ 10 天，4 月中旬为展叶期。4 月下旬花萼脱落，8 月中下旬果实成熟，从盛花到果实成熟 140 天左右，11 月中旬为落叶期。

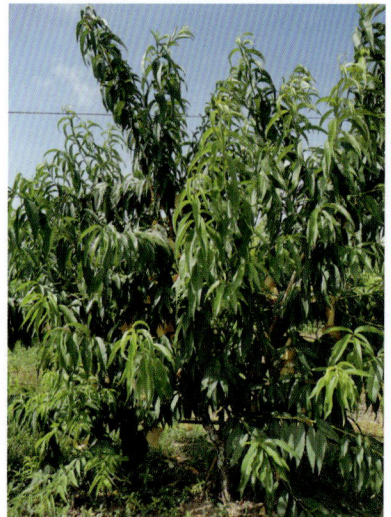

图 103-2　晚熟大蟠桃（近照）

十八、玉霞蟠桃

1. 植物学性状

树势中庸，树姿半开张。多年生枝为褐色，一年生枝阳面暗红色，阴面绿色，节间长2.5cm，复花芽起始节为1～4节。叶片长宽披针形，粗锯齿，叶尖渐尖，叶基广楔形，叶脉为不明显网状，叶色深绿色，平均叶长14.7cm，叶宽4.4cm，叶柄长1.2cm。花为蔷薇形，花瓣粉红色，有花粉。

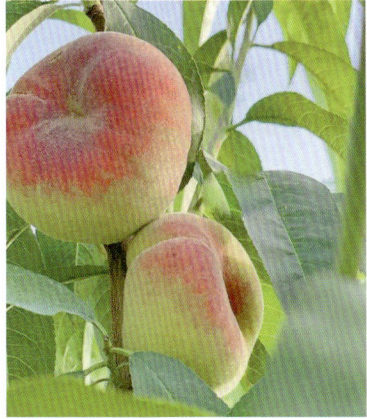

图104-1　玉霞蟠桃（果实特性）

2. 果实经济性状

果实扁圆，缝合线浅，两侧对称，果顶凹。平均单果重145g，大果重282g。成熟时果面底色为黄白色，表色为红色，茸毛粗、密（图105-1～图105-2）。果皮易剥离，果肉黄白色，肉质软溶，汁液多，味浓甜，无苦涩味，香味淡，可溶性固形物含量为11.5%～14%，粘核。

3. 生长结果习性

树势旺，萌芽率高，成枝力较强，自花结实，生理落果及采前落果均轻。

4. 物候期

在上海地区，叶芽萌动期为2月底，3月中下旬为露红期，3月下旬为初花期，花期持续7～10天，4月中旬为展叶期。4月下旬花萼脱落，7月下旬果实成熟，从盛花到果实成熟120天左右，11月中旬为落叶期。

图104-2　玉霞蟠桃（近照）

十九、中蟠 10 号

1. 植物学性状

树势中庸，树姿半开张。多年生枝为褐色，一年生枝阳面暗红色，阴面绿色，节间长 2.9cm，复花芽起始节为 1～3 节。叶片长宽披针形，粗锯齿，叶尖渐尖，叶基广楔形，叶脉为不明显网状，叶色深绿色，平均叶长16.3cm，叶宽 4.3cm，叶柄长 1.1cm。花为蔷薇形，花瓣粉红色，有花粉。

图 105-1　中蟠 10 号（果实特性）

2. 果实经济性状

果实扁圆，缝合线浅，两侧对称，果顶凹。平均单果重 160g，大果重210g。成熟时果面底色为黄白色，表色为红色，茸毛粗、密（图 106-1～图 106-2）。果皮易剥离，果肉黄白色，肉质软溶，汁液多，味浓甜，无苦涩味，香味淡，可溶性固形物含量为 12%～14%，粘核。

3. 生长结果习性

树势旺，萌芽率高，成枝力较强，自花结实，生理落果及采前落果均轻。

4. 物候期

在上海地区，叶芽萌动期为 2 月底，3月中下旬为露红期，3 月下旬为初花期，花期持续 7～10 天，4 月中旬为展叶期。4 月

图 105-2　中蟠 10 号（近照）

下旬花萼脱落，7 月初果实成熟，从盛花到果实成熟 95 天左右，11 月中旬为落叶期。

二十、美国蟠桃

1. 植物学性状

树势健壮，树姿开张。多年生枝为褐色，一年生枝阳面暗红色，阴面绿色，节间长 2.8cm，复花芽起始节为 1 ～ 3 节。叶片长宽披针形，粗锯齿，叶尖渐尖，叶基广楔形，叶脉为不明显网状，叶色为深绿色，平均叶长 16.7cm，叶宽 4.4cm，叶柄长 1.2cm。花为蔷薇形，花瓣粉红色，有花粉。

图 106-1　美国蟠桃（果实特性）

2. 果实经济性状

果实扁圆，缝合线浅，两侧对称，果顶凹。平均单果重 150g，大果重 236g。成熟时果面底色为黄白色，表色为红色，茸毛粗、密（图 107-1 ～图 107-2）。果皮易剥离，果肉黄白色，肉质软溶，汁液多，味浓甜，无苦涩味，香味淡，可溶性固形物含量为 12% ～ 14%，粘核。

3. 生长结果习性

树势旺，萌芽率高，成枝力较强，自花结实，生理落果及采前落果均轻。

4. 物候期

在上海地区，叶芽萌动期为 2 月底，3月中下旬为露红期，3 月下旬为初花期，花期持续 7 ～ 9 天，4 月中旬为展叶期。4 月下旬花萼脱落，7 月下旬果实成熟，从盛花到果实成熟 115 天左右，11 月中旬为落叶期。

图 106-2　美国蟠桃（近照）

二十一、金霞早蟠桃

1. 植物学性状

树势健壮，树姿开张。多年生枝为褐色，一年生枝阳面暗红色，阴面绿色，节间长 2.5cm，复花芽起始节为 1 ～ 3 节。叶片长宽披针形，粗锯齿，叶尖渐尖，叶基广楔形，叶脉为不明显网状，叶色深绿色，平均叶长 16.2cm，叶宽 4.3cm，叶柄长 1.1cm。花为蔷薇形，花瓣粉红色，有花粉。

图 107-1　金霞早蟠桃（果实特性）

2. 果实经济性状

果实扁圆，缝合线浅，两侧对称，果顶凹。平均单果重 116g，大果重 270g。成熟时果面底色为黄白色，表色为红色，无毛（图 108-1 ～图 108-2）。果皮易剥离，果肉黄白色，肉质软溶，汁液多，味浓甜，无苦涩味，香味淡，可溶性固形物含量为 12% ～ 14%，粘核。

3. 生长结果习性

树势旺，萌芽率高，成枝力较强，自花结实，生理落果及采前落果均轻。

4. 物候期

在上海地区，叶芽萌动期为 2 月底，3 月中下旬为露红期，3 月下旬为初花期，花期持续 7 ～ 10 天，4 月中旬为展叶期。4 月下旬花萼脱落，6 月中下旬果实成熟，从盛花到果实成熟 80 天左右，11 月中旬为落叶期。

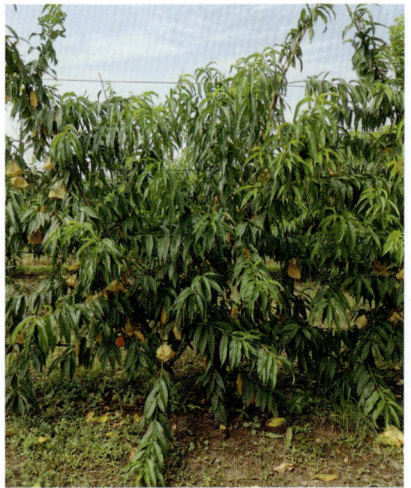

图 107-2　金霞早蟠桃（近照）

二十二、白芒蟠桃

1. 植物学性状

树势健壮，树姿开张。多年生枝为褐色，一年生枝阳面暗红色，阴面绿色，节间长 2.5cm，复花芽起始节为 1～3 节。叶片长宽披针形，粗锯齿，叶尖渐尖，叶基广楔形，叶脉为不明显网状，叶色深绿色，平均叶长 15.2cm，叶宽 4.2cm，叶柄长 1.1cm。花为蔷薇形，花瓣粉红色，有花粉。

2. 果实经济性状

图 108-1　白芒蟠桃（果实特性）

果实扁圆，缝合线浅，两侧对称，果顶凹。平均单果重 159g，大果重 260g。成熟时果面底色为黄白色，表色为红色，茸毛粗、密（图 109-1～图 109-2）。果皮易剥离，果肉黄白色，肉质软溶，汁液多，味浓甜，无苦涩味，香味淡，可溶性固形物含量为 12%～14%，粘核。

3. 生长结果习性

树势旺，萌芽率高，成枝力较强，自花结实，生理落果及采前落果均轻。

4. 物候期

在上海地区，叶芽萌动期为 2 月底，3 月中下旬为露红期，3 月下旬为初花期，花期持续 7～9 天，4 月中旬为展叶期。4 月下旬花萼脱落，8 月上旬果实成熟，从盛花到果实成熟 130 天左右，11 月中旬为落叶期。

图 108-2　白芒蟠桃（近照）

二十三、红柁果蟠桃

1. 植物学性状

树势健壮，树姿开张。多年生枝为褐色，一年生枝阳面暗红色，阴面绿色，节间长2.5cm，复花芽起始节为1～3节。叶片长宽披针形，粗锯齿，叶尖渐尖，叶基广楔形，叶脉为不明显网状，叶色深绿色，平均叶长15.2cm，叶宽4.2cm，叶柄长1.1cm。花为蔷薇形，花瓣粉红色，有花粉。

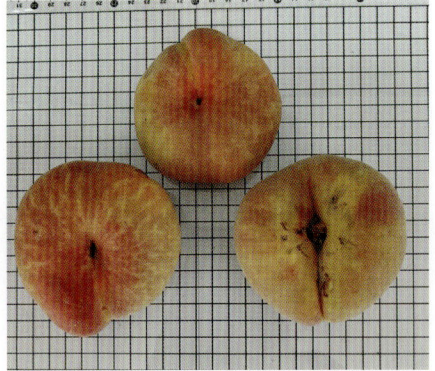

图 109-1　红柁果蟠桃（果实特性）

2. 果实经济性状

果实扁圆，缝合线浅，两侧对称，果顶凹。平均单果重159g，大果重260g。成熟时果面底色为黄白色，表色为红色，茸毛粗、密（图110-1～图110-2）。果皮易剥离，果肉黄白色，肉质软溶，汁液多，味浓甜，无苦涩味，香味淡，可溶性固形物含量为12%～14%，粘核。

3. 生长结果习性

树势旺，萌芽率高，成枝力较强，自花结实，生理落果及采前落果均轻。

4. 物候期

在上海地区，叶芽萌动期为2月底，3月中下旬为露红期，3月下旬为初花期，花期持续7～9天，4月中旬为展叶期。4月下旬花萼脱落，8月上旬果实成熟，从盛花到果实成熟130天左右，11月中旬为落叶期。

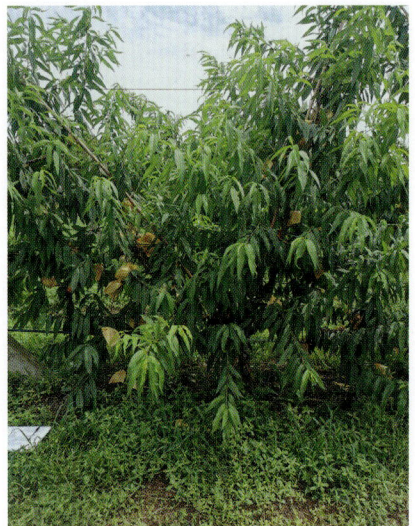

图 109-2　红柁果蟠桃（近照）

110

第四节 观赏桃品种

一、红白垂枝

1. 观赏特性

树势中庸，树姿开张，枝条下垂。多年生枝为褐色，一年生枝阳面暗红色，阴面暗绿色，平均节间长度 2.3cm。叶片针形，叶尖，叶色绿色，平均叶长 15cm，叶宽 3.7cm，叶柄长 1.1cm。花为蔷薇形，花瓣粉红色，是重花瓣，花瓣直径 3.8cm，每朵花花瓣数在 15～18 片之间。

2. 物候期

在上海地区，叶芽萌动期为 3 月上旬，3 月中旬为露红期，4 月上旬为初花期，花期持续 10～14 天，4 月下旬为展叶期。11 月中旬为落叶期。

图 110 红白垂枝（近照）

二、朱粉垂枝

1. 观赏特性

树势中庸，树姿开张，枝条下垂。多年生枝为褐色，一年生枝阳面暗红色，阴面暗绿色，平均节间长度 2.4cm。叶片针形，叶尖，叶色绿色，平均叶长 15.2cm，叶宽 3.5cm，叶柄长 1.3cm。花为蔷薇形，花瓣粉红色，重花瓣，花瓣直径 3.6cm，每朵花花瓣数在 16～20 片之间。

图 111 朱粉垂枝（近照）

2. 物候期

在上海地区，叶芽萌动期为3月上旬，3月中旬为露红期，3月下旬为初花期，花期持续10～12天，4月上旬为展叶期。11月中旬为落叶期。

三、鸳鸯垂枝

1. 观赏特性

树势强，树姿开张，枝条下垂。多年生枝为褐色，一年生枝阳面暗红色，阴面暗绿色，平均节间长度2.1cm。叶片针形，叶尖，叶色绿色，平均叶长15.2cm，叶宽3.9cm，叶柄长1.5cm。花为蔷薇形，花瓣粉红色，重花瓣，花瓣直径4.4cm，每朵花花瓣数在16～18片之间。

图112　鸳鸯垂枝（近照）

2. 物候期

在上海地区，叶芽萌动期为3月上旬，4月初为露红期，4月上旬为初花期，花期持续8～12天，4月上旬为展叶期。11月中旬为落叶期。

四、红垂枝

1. 观赏特性

树势中等，树姿开张，枝条略下垂。多年生枝为褐色，一年生枝阳面暗红色，阴面暗绿色，平均节间长度2.6cm。叶片针形，叶尖，叶色绿色，平均叶长15.5cm，叶宽3.1cm，叶柄长1cm。花为蔷薇形，花瓣红色，重花瓣，花瓣直径4.6cm，每朵花花瓣数在10～13片之间。

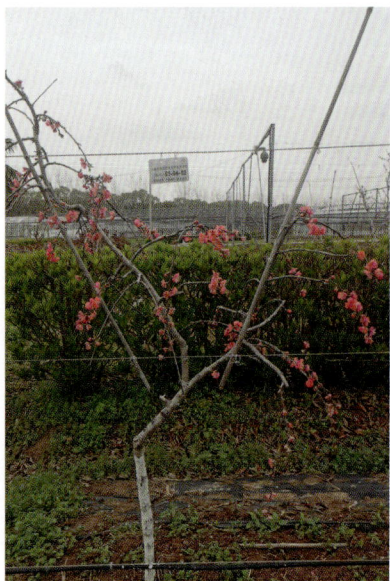

图113　红垂枝（近照）

2.物候期

在上海地区，叶芽萌动期为3月初，4月初为露红期，4月上旬为初花期，花期持续8～12天，4月中旬为展叶期。11月中旬为落叶期。

五、粉肉色碧桃

1.观赏特性

树势强，树姿开张，枝条不下垂。多年生枝为褐色，一年生枝阳面暗红色，阴面暗绿色，平均节间长度3.3cm。叶片针形，叶尖，叶色绿色，平均叶长17cm，叶宽4.7cm，叶柄长1.7cm。花为蔷薇形，花瓣粉红色，是重花瓣，花瓣直径5.5cm，每朵花花瓣数在18～24片之间。

2.物候期

图114　粉肉色碧桃（近照）

在上海地区，叶芽萌动期为3月初，3月底为露红期，4月上旬为初花期，花期持续10天左右，4月下旬为展叶期。11月中旬为落叶期。

六、红花碧桃

1.观赏特性

树势强，树姿开张，枝条不下垂。多年生枝为褐色，一年生枝阳面暗红色，阴面暗绿色，平均节间长度4.3cm。叶片针形，叶尖，叶色绿色，平均叶长19cm，叶宽3.1cm，叶柄长1.4cm。花为蔷薇形，花瓣粉红色，是重花瓣，花瓣直径5.5cm，每朵花花瓣数在20～25片之间。

图115　红花碧桃（近照）

2. 物候期

在上海地区，叶芽萌动期为 2 月下旬，3 月中旬为露红期，3 月下旬为初花期，花期持续 15 天左右，4 月中旬为展叶期。11 月中旬为落叶期。

七、二色碧桃

1. 观赏特性

树势强，树姿开张，枝条不下垂。多年生枝为褐色，一年生枝阳面暗红色，阴面暗绿色，平均节间长度 4.3cm。叶片针形，叶尖，叶色绿色，平均叶长 18cm，叶宽 3.4cm，叶柄长 1cm。花为蔷薇形，花瓣粉红色，是重花瓣，花瓣直径 5.4cm，每朵花花瓣数在 18 ～ 22 片。

2. 物候期

在上海地区，叶芽萌动期为 3 月初，3 月中旬为露红期，4 月上旬为初花期，花期持续 15 天左右，4 月下旬为展叶期。11 月中旬为落叶期。

图 116　二色碧桃（近照）

八、菊花桃

1. 观赏特性

树势强，树姿开张，枝条不下垂。多年生枝为褐色，一年生枝阳面暗红色，阴面暗绿色，平均节间长度 2.9cm。叶片针形，叶尖，叶色绿色，平均叶长 16cm，叶宽 3.2cm，叶柄长 1.2cm。花为菊花形，花瓣粉红色，是重花瓣，花瓣直径 4.6cm，每朵花花瓣数在 25 ～ 30 片之间。

图 117　菊花桃（近照）

2. 物候期

在上海地区，叶芽萌动期为3月初，3月下旬为露红期，4月上旬为初花期，花期持续13天左右，4月中旬为展叶期。11月中旬为落叶期。

九、绛桃

1. 观赏特性

树势强，树姿开张，枝条不下垂。多年生枝为褐色，一年生枝阳面暗红色，阴面暗绿色，平均节间长度2.5cm。叶片针形，叶尖，叶色绿色，平均叶长16cm，叶宽2.7cm，叶柄长1.2cm。花为蔷薇形，花瓣红色，是重花瓣，花瓣直径4.2cm，每朵花花瓣数在18～22片之间。

2. 物候期

在上海地区，叶芽萌动期为3月初，3月中旬为露红期，3月下旬为初花期，花期持续10天左右，4月中旬为展叶期。11月中旬为落叶期。

图118　绛桃（近照）

十、红叶桃

1. 观赏特性

树势强，树姿开张，枝条不下垂。多年生枝为褐色，一年生枝阳面暗红色，阴面暗绿色，平均节间长度2.5cm。叶片针形，叶尖，叶色暗红色，平均叶长16cm，叶宽3.5cm，叶柄长1.2cm。花为蔷薇形，花瓣红色，是重花瓣，花瓣直径4.2cm，每朵花花瓣数在18～22片之间。

图119　红叶桃（近照）

2.物候期

在上海地区，叶芽萌动期为3月初，3月中旬为露红期，3月下旬为初花期，花期持续15天左右，4月中旬为展叶期。11月中旬为落叶期。

十一、合欢二色

1.观赏特性

树势强，树姿开张，枝条不下垂。多年生枝为褐色，一年生枝阳面暗红色，阴面暗绿色，平均节间长度2.5cm。叶片针形，叶尖，叶色绿色，平均叶长16cm，叶宽3.2cm，叶柄长1.5cm。花为蔷薇形，花瓣粉红色，是重花瓣，花瓣直径4.3cm，每朵花花瓣数在14～18片之间。

2.物候期

图120　合欢二色（近照）

在上海地区，叶芽萌动期为2月中旬，2月下旬为露红期，3月中旬为初花期，花期持续20天左右，4月初为展叶期。11月中旬为落叶期。

十二、白花山碧桃

1.观赏特性

树势强，树姿开张，枝条不下垂。多年生枝为褐色，一年生枝阳面暗黄色，阴面暗绿色，平均节间长度2.5cm。叶片针形，叶尖，叶色绿色，平均叶长16cm，叶宽3.4cm，叶柄长1.3cm。花为蔷薇形，花瓣白色，是重花瓣，花瓣直径5.1cm，每朵花花瓣数在15～18片之间。

图121　白花山碧桃（近照）

2. 物候期

在上海地区，叶芽萌动期为2月中旬，2月底为露红期，3月中旬为初花期，花期持续15天左右，3月下旬为展叶期。11月中旬为落叶期。

十三、白碧桃

1. 观赏特性

树势中等，树姿开张，枝条不下垂。多年生枝为褐色，一年生枝阳面暗黄色，阴面暗绿色，平均节间长度2.8cm。叶片针形，叶尖，叶色绿色，平均叶长15.5cm，叶宽3.5cm，叶柄长1.3cm。花为蔷薇形，花瓣白色，是重花瓣，花瓣直径4.5cm，每朵花花瓣数在15～20片之间。

2. 物候期

在上海地区，叶芽萌动期为2月底，3

图122　白碧桃（近照）

月中旬为露红期，3月下旬为初花期，花期持续17天左右，4月上旬为展叶期。11月中旬为落叶期。

十四、日月桃

1. 观赏特性

树势中等，树姿开张，枝条不下垂。多年生枝为褐色，一年生枝阳面暗黄色，阴面暗绿色，平均节间长度2.4cm。叶片针形，叶尖，叶色绿色，平均叶长16cm，叶宽3.3cm，叶柄长1.2cm。花为蔷薇形，花瓣粉红色，是重花瓣，花瓣直径5.2cm，每朵花花瓣数在20～28片之间。

图123　日月桃（近照）

2.物候期

在上海地区，叶芽萌动期为 2 月下旬，3 月中旬为露红期，3 月下旬为初花期，花期持续 20 天左右，4 月下旬为展叶期。11 月中旬为落叶期。

十五、黄金美丽

1.观赏特性

树势强，树姿开张，枝条不下垂。多年生枝为褐色，一年生枝阳面暗红色，阴面暗绿色，平均节间长度 2.3cm。叶片针形，叶尖，叶色绿色，平均叶长 16cm，叶宽 3.4cm，叶柄长 1.2cm。花为蔷薇形，花瓣粉红色，是重花瓣，花瓣直径 5.4cm，每朵花花瓣数在 18 ～ 20 片之间。

图 124　黄金美丽（近照）

2.物候期

在上海地区，叶芽萌动期为 2 月下旬，3 月中旬为露红期，3 月下旬为初花期，花期持续 15 天左右，4 月中旬为展叶期。11 月中旬为落叶期。

十六、洒红桃

1.观赏特性

树势强，树姿开张，枝条下垂。多年生枝为褐色，一年生枝阳面暗黄色，阴面暗绿色，平均节间长度 2.3cm。叶片针形，叶尖，叶色绿色，平均叶长 15.3cm，叶宽 3.5cm，叶柄长 1.3cm。花为蔷薇形，花瓣粉红色，是重花瓣，花瓣直径 5.5cm，每朵花花瓣数在 25 ～ 28 片之间。

图 125　洒红桃（近照）

2.物候期

在上海地区，叶芽萌动期为3月初，3月下旬为露红期，4月上旬为初花期，花期持续15天左右，3月下旬为展叶期。11月中旬为落叶期。

十七、人面桃

1.观赏特性

树势强，树姿开张，枝条不下垂。多年生枝为褐色，一年生枝阳面暗红色，阴面暗绿色，平均节间长度2.3cm。叶片针形，叶尖，叶色绿色，平均叶长15.3cm，叶宽3.5cm，叶柄长1.3cm。花为蔷薇形，花瓣粉红色，是重花瓣，花瓣直径4.6cm，每朵花花瓣数在18～25片之间。

2.物候期

在上海地区，叶芽萌动期为2月底，3

图126　人面桃（近照）

月底为露红期，4月上旬为初花期，花期持续16天左右，4月下旬为展叶期。11月中旬为落叶期。

十八、迎春

1.观赏特性

树势强，树姿开张，枝条不下垂。多年生枝为褐色，一年生枝阳面暗红色，阴面暗绿色，平均节间长度2.3cm。叶片针形，叶尖，叶色绿色，平均叶长15.6cm，叶宽3.6cm，叶柄长1cm。花为蔷薇形，花瓣粉红色，是重花瓣，花瓣直径4.2cm，每朵花花瓣数在15～18片之间。

图127　迎春（近照）

2.物候期

在上海地区，叶芽萌动期为 2 月上旬，2 月底为露红期，3 月上旬为初花期，花期持续 13 天左右，3 月下旬为展叶期。11 月中旬为落叶期。

十九、秀红

1.观赏特性

树势强，树姿开张，枝条不下垂。多年生枝为褐色，一年生枝阳面暗红色，阴面暗绿色，平均节间长度 2.3cm。叶片针形，叶尖，叶色绿色，平均叶长 15.5cm，叶宽 3.8cm，叶柄长 1cm。花为蔷薇形，花瓣红色，是重花瓣，花瓣直径 4.5cm，每朵花花瓣数在 15～18 片之间。

2.物候期

图 128　秀红（近照）

在上海地区，叶芽萌动期为 2 月中旬，3 月初为露红期，3 月上旬为初花期，花期持续 15 天左右，3 月下旬为展叶期。11 月中旬为落叶期。

二十、菊花桃舞枝花桃

1.观赏特性

树势强，树姿开张，枝条不下垂。多年生枝为褐色，一年生枝阳面暗红色，阴面暗绿色，平均节间长度 2.3cm。叶片针形，叶尖，叶色绿色，平均叶长 15.3cm，叶宽 3.1cm，叶柄长 1cm。花为菊花形，花瓣红色，是重花瓣，花瓣直径 4.8cm，每朵花花瓣数在 20～25 片之间。

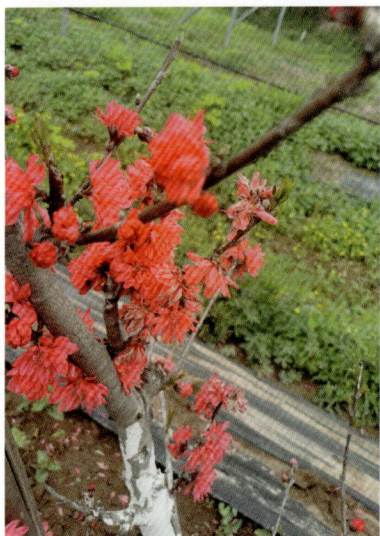

图 129　菊花桃舞枝花桃（近照）

2. 物候期

在上海地区，叶芽萌动期为3月上旬，3月下为露红期，4月上旬为初花期，花期持续15天左右，4月中旬为展叶期。11月中旬为落叶期。

二十一、秀川

1. 观赏特性

树势强，树姿开张，枝条下垂。多年生枝为褐色，一年生枝阳面暗红色，阴面暗绿色，平均节间长度2.3cm。叶片针形，叶尖，叶色绿色，平均叶长12cm，叶宽3.5cm，叶柄长1.1cm。花为蔷薇形，花瓣粉红色，是重花瓣，花瓣直径3.2cm，每朵花花瓣数在10～12片之间。

2. 物候期

图130　秀川（近照）

在上海地区，叶芽萌动期为3月上旬，3月中旬为露红期，3月下旬为初花期，花期持续10天左右，4月上旬为展叶期。11月中旬为落叶期。

二十二、寒白花桃

1. 观赏特性

树势强，树姿开张，枝条不下垂。多年生枝为褐色，一年生枝阳面暗黄色，阴面暗绿色，平均节间长度2.3cm。叶片针形，叶尖，叶色绿色，平均叶长15.2cm，叶宽3.2cm，叶柄长1.2cm。花为蔷薇形，花瓣白色，是重花瓣，花瓣直径4.2cm，每朵花花瓣数在10～15片之间。

图131　寒白花桃（近照）

2.物候期

在上海地区，叶芽萌动期为2月上旬，2月中旬为露红期，3月中旬为初花期，花期持续16天左右，4月中旬为展叶期。11月中旬为落叶期。

二十三、源平花桃

1.观赏特性

树势强，树姿开张，枝条不下垂。多年生枝为褐色，一年生枝阳面暗黄色，阴面暗绿色，平均节间长度2.3cm。叶片针形，叶尖，叶色绿色，平均叶长15.5cm，叶宽3.5cm，叶柄长1.2cm。花为蔷薇形，花瓣白色，是重花瓣，花瓣直径4.2cm，每朵花花瓣数在18～23片之间。

2.物候期

在上海地区，叶芽萌动期为2月中旬，

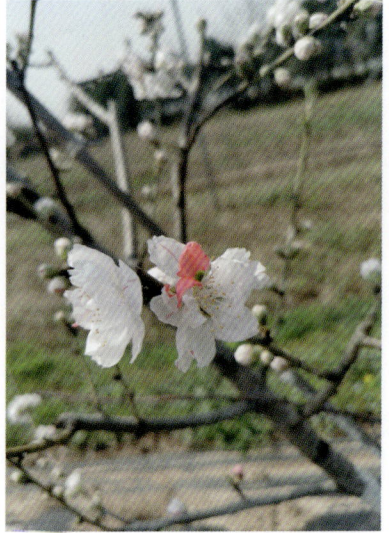

图132　源平花桃（近照）

3月初为露红期，3月下旬为初花期，花期持续16天左右，4月中旬为展叶期。11月中旬为落叶期。

二十四、满天红花桃

1.观赏特性

树势强，树姿开张，枝条不下垂。多年生枝为褐色，一年生枝阳面暗红色，阴面暗绿色，平均节间长度2.3cm。叶片针形，叶尖，叶色绿色，平均叶长15.3cm，叶宽3.6cm，叶柄长1.2cm。花为蔷薇形，花瓣红色，是重花瓣，花瓣直径5.2cm，每朵花花瓣数在20～25片之间。

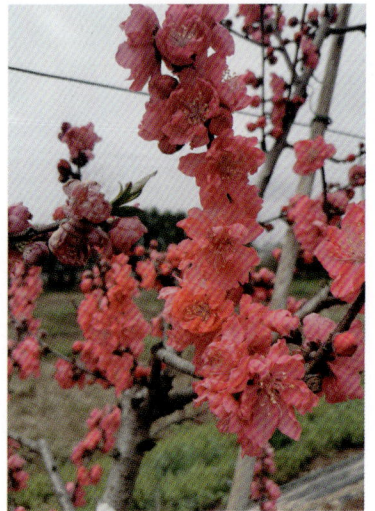

图133　满天红花桃（近照）

2. 物候期

在上海地区，叶芽萌动期为2月下旬，3月初为露红期，3月下旬为初花期，花期持续10天左右，4月中旬为展叶期。11月中旬为落叶期。

二十五、迎春花桃

1. 观赏特性

树势强，树姿开张，枝条不下垂。多年生枝为褐色，一年生枝阳面暗黄色，阴面暗绿色，平均节间长度2.3cm。叶片针形，叶尖，叶色绿色，平均叶长15.3cm，叶宽3.4cm，叶柄长1.2cm。花为蔷薇形，花瓣粉红色，是重花瓣，花瓣直径4.6cm，每朵花花瓣数在18～25片之间。

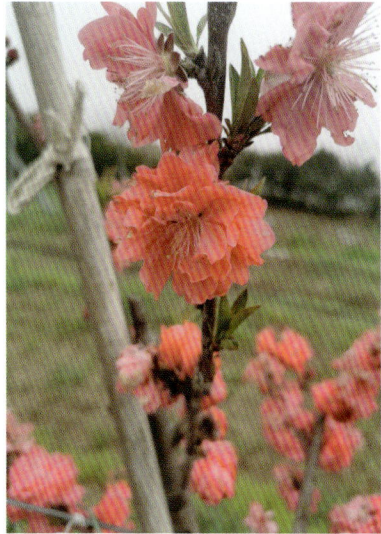

图134 迎春花桃（近照）

2. 物候期

在上海地区，叶芽萌动期为2月下旬，3月中旬为露红期，3月下旬为初花期，花期持续20天左右，4月中旬为展叶期。11月中旬为落叶期。

二十六、秀丽

1. 观赏特性

树势强，树姿开张，枝条不下垂。多年生枝为褐色，一年生枝阳面暗红色，阴面暗绿色，平均节间长度2.3cm。叶片针形，叶尖，叶色绿色，平均叶长15.2cm，叶宽3.6cm，叶柄长1.3cm。花为蔷薇形，花瓣粉红色，是重花瓣，花瓣直径3.6cm，每朵花花瓣数在14～16片之间。

图135 秀丽（近照）

123

2.物候期

在上海地区，叶芽萌动期为2月下旬，3月初为露红期，3月中旬为初花期，花期持续20天左右，4月下旬为展叶期。11月中旬为落叶期。

二十七、秀美

1.观赏特性

树势强，树姿开张，枝条不下垂。多年生枝为褐色，一年生枝阳面暗红色，阴面暗绿色，平均节间长度2.3cm。叶片针形，叶尖，叶色绿色，平均叶长15.5cm，叶宽3.4cm，叶柄长1.3cm。花为蔷薇形，花瓣粉红色，非重花瓣，花瓣直径3.7cm，每朵花花瓣数在8～10片之间。

2.物候期

在上海地区，叶芽萌动期为2月下旬，3

图136　秀美（近照）

月上旬为露红期，3月下旬为初花期，花期持续20天左右，4月下旬为展叶期。11月中旬为落叶期。

二十八、秀艳

1.观赏特性

树势强，树姿开张，枝条不下垂。多年生枝为褐色，一年生枝阳面暗红色，阴面暗绿色，平均节间长度2.3cm。叶片针形，叶尖，叶色绿色，平均叶长15.3cm，叶宽3.8cm，叶柄长1.3cm。花为蔷薇形，花瓣粉红色，是重花瓣，花瓣直径4.7cm，每朵花花瓣数在10～15片之间。

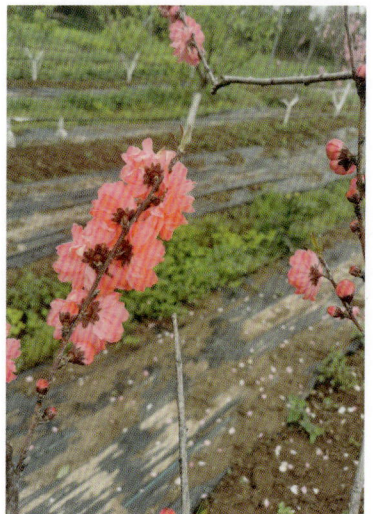

图137　秀艳（近照）

2.物候期

在上海地区，叶芽萌动期为2月中旬，3月初为露红期，3月中旬为初花期，花期持续17天左右，4月下旬为展叶期。11月中旬为落叶期。

第二章　省力化生态栽培种植技术

当前全国大部分桃产区都面临诸多产业发展瓶颈问题，如桃园老龄化、品种布局结构不合理、建园标准偏低、从业人员老龄化、后续从业人员力量不足、劳动力成本大幅增加等。这些因素都限制了桃产业的健康、高效、可持续发展。可见，省力化建园和配套生态栽培种植模式创建与发展势在必行。

目前省力化建园主要采用的是 Y 树形，也有少量省力化桃园采用高干三主枝自然开心形（树冠由呈 120°分布的三大主枝与若干副主枝组成）。Y 树形具有通风透光好、修剪技术容易掌握、果实着色好等优点，采用省力化模式，把常规传统自然开心形的圆形结构变成单平面或双平面 Y 树形结构，大行间距使操作空间充分开阔，疏果、套袋、修剪等技术操作不再需要弯腰进行，直立畅行操作既降低劳动强度，又大大提高工作效率，初步统计田间管理总用工量可以减少 20% 以上。另外，可倒逼桃产业管理向现代化转变，生态种植是一个系统工程，在省力化模式的推动下，全面把控树形稳定培育、地面生草、绿色防控、整形修剪、疏果套袋、枝条粉碎还田再利用等现代技术集成应用，体现人、树、田、草自然共生、和谐共存，让新生农二代感觉桃树管理不再是遥不可及，把种桃既当成是一份工作，又是一种高尚情怀。其次，实现桃园机械化，通过使用单平面或双平面 Y 树形结构，大行距给机械化使用提供了无限空间，自走式打药机、坐骑式割草机、履带式搬运车、多功能施肥机、果园拖拉机、微型挖掘机等全方位为桃园在基肥施用、病虫害防治、土壤深翻、开沟、田内物资运输等方面提供便利服务，有效促进了果园转型升级，实现农机与农艺深度融合，部分内容实现机器换人。再次，可与肥水一体化示范应用有机结合，主要是依托单平面或双平面 Y 树形通

126

风透光好的优势，结合绿色防控综合措施到位，可大大减少施药量，此外将灌溉与施肥融为一体，促使桃园在省工省时、节能省肥、提高肥料利用率、树体水肥均衡吸收等方面优势明显，也为面上桃园肥水一体化的应用提供依据。

第一节　桃苗繁育与省力化幼树培育

一、良种采穗圃（母本园）

1. 圃地选择

宜选择立地条件较好、排灌方便、交通便利、土壤 pH5.6 ～ 7.5 的壤土或沙壤土为宜。

2. 品种的选择和苗木规格

采穗圃选用的良种必须为无毒引进苗和本地表现良好的品种或优系。品种较多时，应按照采穗圃的统一设计安排，严防混杂，并做好品种分布图进行保存。建圃所用苗木必须是一年生优质芽苗、嫁接苗或高接苗，苗木地径 0.6cm以上，主根保留 10cm 以上，有侧根 5 条以上，接口愈合良好。

3. 定植

采穗圃以生产和提供大量品种纯正的优质接穗为目的。桃树定植前进行土地平整和做畦，每亩（约 666.67m²）施入商品有机肥 3 ～ 4t 后深翻，深翻深度 30 ～ 40cm，耙平。按照行距、条沟深度进行开沟做畦，畦面微隆呈龟背形。采穗圃的株行距按照树形而定，一般三主枝自然开心形设计为4m×（4 ～ 5）m，Y 树形目前采用（2.5 ～ 3）m×（4 ～ 4.5）m，定植前按设计密度挖定植穴，底宽 60cm，深 50cm。表土和深层土分开放置。底肥应使用充分腐熟的有机肥，每穴 20～25kg，与表层土混合后回填。在上海地区，幼苗落叶至早春萌芽前都可种植，一般以元旦前后定植为最佳，建议幼株起苗后尽快栽植，栽前剪除伤根、烂根。在定植墩中心挖小穴，把苗木垂直放在小穴内，根系自然舒展，把细土填入根间，周边压实。填土时切忌架空，使根系与土壤充分密结，桃树种植后其原有苗木土痕稍高于畦面为宜，避免栽植过深，发现死苗立即补种；栽后浇透水，遇干旱应及时补浇一次，保持土壤湿润。

4. 定植后修剪

定植后应适时进行修剪，防止养分过分散失，降低成活率。

5. 土肥水管理

（1）土壤管理

为了改善土壤的理化性状，为根系向纵深扩展创造良好条件，增强桃树抗逆性，减少病虫害基数，秋冬季结合有机肥施入进行深翻。掌握近主干处浅、远主干处深的原则。选择适宜的草种进行桃园行间生草，不仅能增加土壤有机质含量，减少水分蒸发和径流，还能保持土壤湿润，为土壤微生物提供良好的生长环境。草种应选择多年生草，如黄花苜蓿、白三叶、鼠毛草等。当生草长到 20～30 cm 高时进行机械刈割。在桃树肥、水关键期，必须普遍割草，根据不同草种进行适时割草。建议树盘下方不生草，可将刈割的草覆盖树盘。

（2）良种采穗圃（母本园）施肥管理

①幼树

采取薄肥勤施，3—5 月以氮肥为主，6 月后增施磷、钾肥。冬季每株树施入有机肥 20～30kg，可结合加入生物有机肥 2.5kg/ 株。

②结果树

采穗圃以采集接穗为主，要把握以生产优质接穗为主、桃果生产为辅的原则，萌芽肥以氮肥为主；膨果肥以磷、钾肥为主，氮肥为辅；采后肥氮、磷、钾均衡施入；基肥以有机肥为主。

（3）水分管理

桃园应深沟高畦防止积水，特别雨季要注意开沟排水，疏通沟系，做到雨停沟干。高温夏旱季节，必须及时灌水，灌水宜在傍晚进行，做到薄水勤浇，有条件的果园可采用肥水一体化设备进行施肥、灌水。

6. 定干与整形修剪

（1）三主枝自然开心形

定干高度 50～60 cm。选留主枝，在整形带内选留 3 个水平夹角为 120°左右的新梢作主枝，枝距 5～10 cm，基角 50°～60°，腰角 70°～80°，梢角 45°～55°。主枝上配置侧枝，第一侧枝间距主干 50～70cm，第二侧枝间距第一侧枝 40～60cm，向两侧交错着生，角度大于主枝基角。培养大中型结果枝组时采用先截后放、先放后缩、去直留平、去强留弱，多留结果枝，枝组修剪可采用双枝更新和单枝更新法；小型结果枝培养可采用 10～15cm 短截，促其发枝。

（2）平面 Y 树形

定干高度 45～55cm。选留主枝，在整形带内选留两个夹角为 55°左右的新梢作主枝，主枝上直接着生结果枝条，最下部结果枝条距离地面 60cm 左右，枝间距 15cm 左右为宜。枝向两侧顺势着生，夹角内膛少留枝或留短枝，防止空膛。

7. 接穗的采集和管理

采集接穗的母本桃树龄以 3 年生以上为宜，桃树接穗的采集在桃树生长期（上海 5 月底至 9 月底），应选择生长健壮、雌花芽饱满、无病虫害、基径 0.6cm 以上的新梢采集接穗。接穗采集后应立即去叶，保留 1 cm 长叶柄，分品种每 100 条覆少许叶片捆扎，系上标签，放入室内阴凉通风处保湿贮存。贮存时间不宜超过 2 天，最好是随采随接。

枝接接穗在休眠期采集，采穗时间为秋季落叶后到翌年 2 月下旬前。选择生长健壮、芽饱满、无病虫害、木质化程度高、直径 1～2cm 的一年生营养枝，基部留 2～3 个芽剪取接穗。接穗剪成 50～60cm，按品种每 50 条 1 捆，挂上标签，用湿度 60%～65% 的消毒锯末混合，双层塑料薄膜打包保湿，置于恒温冷库内，可贮藏至翌年 5 月。也可在室外潮湿阴凉处挖深 1.2m、宽 2m

的地沟沙藏，可贮藏至翌年 3 月底进行嫁接。

二、实生苗（砧木苗）繁育

1. 种子沙藏

首先将完整的毛桃种子进行机械破壳，在初冬进行沙藏，先将桃核子用冷水浸泡 24h 左右，然后用自身体积 3～5 倍沙子进行搅拌，沙的湿度以手成团一动即散为宜（土壤湿度 60% 左右），太湿容易烂种。沙藏种子的地方要选地势稍高、太阳照不到的室外，用砖或水泥板等建筑一方池，底部铺10cm 湿沙，四周用塑料薄膜围好即可。将拌好的桃核子填于池内，厚度以60～70cm 为宜，其上再覆盖 10cm 的湿沙。翌年 2 月上旬开始检查种子，半月一次，防止腐烂和风干。

2. 整地

育苗地要选择地势平坦、排水良好、较肥沃的沙壤土或轻壤土为宜，要具有灌溉条件。不宜选用过于黏重土壤或低洼积水地，也不要选在迎风口处。育苗地要深耕细耙，施足底肥。一般采取秋季翻地，深度 25cm 左右，结合秋季深翻地，每亩施入有机肥 2.5～5t，将有机肥翻入土中，多次打平后再耙平。

3. 催芽

进行过低温层积处理 60～80 天的桃核种子，在播种前仍未萌动的种子，可在播前用冷水浸种 3～5 天，每天换水 1 次，浸种后每天在向阳处曝晒 2～3h，堆起来加覆盖物保温保湿，直到种子萌动后即可播种。

4. 播种

多采用点播，株距在 10～15cm，行距 25～30cm，也可采用宽窄行，宽行 40～60cm，窄行 20cm，便于嫁接。每亩播种量 40～80kg，覆土厚度3～5cm。点播时种子缝合线要与地面垂直，而芽尖要与地面平行。点播时土壤墒情不好要浇水，然后盖上 10cm 左右厚的土稍加整平即可，建议上海地区实行小弓形薄膜覆盖法，加快苗木生长和预防早春低温晚霜危害。

5. 播种后管理

出苗后要防止草荒，并根据土壤墒情及时浇水。追肥结合浇水进行，前期以氮肥为主，每亩施入尿素 10 ～ 15kg；后期多追磷钾肥，少施氮肥。田间管理注意桃树病虫害的防治工作，8 月下旬至 9 月上旬对旺长苗进行摘心控制生长，以促进苗木木质化。

6. 砧木苗常规种植

上海地区无繁育条件的可在每年清明节之前 4 ～ 7 天直接从外地购买实生毛桃小苗，要求高度 15cm 以上、粗度 0.2cm 以上的实生无毒砧木苗直接栽种于整理好的实生苗繁育区（按照前文整地要求进行），做好后期强化管理，多施氮肥和复合肥，以促进生长和增粗为主。

三、芽苗培育

1. 接穗采集

选择需要嫁接的桃树品种，取其接穗，接穗应芽子饱满，无病虫害，枝条粗壮，品种纯正等。

2. 嫁接时间

上海地区芽苗嫁接可选择在 5 月底至 6 月初进行夏季嫁接，也可以在 9 月底至 10 月初进行秋季嫁接。

3. 嫁接前准备

嫁接前对实生苗进行修剪，距离地面 15 ～ 20cm 处的新梢保留基叶进行短截，主枝上的其他粗壮枝也保留基叶进行短截。

4. 嫁接方法

（1）T 字形芽接法

又称盾片芽接法。选择与砧木粗细基本一致的接穗，在接穗中选择芽眼饱满的芽子（一般选择接穗中部的芽子），并将接穗上的叶片在叶柄处用剪刀剪除。在接穗芽的上方 0.5cm 处横切一刀，再从芽的下方 1.5cm 处，由浅入深向上削入木质部至上切口处，轻轻往上翘，然后用手捏住芽片一掰，即取下2cm 大小的盾形芽片；再在砧木的基部 10 ～ 20cm 处选择阴面光滑的部位，用芽接刀切一 T 字形刀口，将削好的接芽插入砧木的切口，使接芽上端与砧木横切口对齐贴紧，然后用塑料条绑严即可。

（2）嵌芽接

选择与砧木粗细基本一致的接穗，在接穗中选择芽眼饱满的芽子（一般选择接穗中部的芽子），并将接穗上的叶片在叶柄处用剪刀剪除。接穗上端向下手持接穗，先在接穗的芽上方 0.8 ～ 1cm 处向下斜切一刀，长约 1.5cm，要求切面平滑，然后在芽下方 0.5 ～ 0.8cm 处，斜切 30°角到第一刀口底部，取下带木质部芽片，芽片长 1.5 ～ 2cm。再在砧木的基部 10 ～ 20cm 处选择阴面光滑的部位，按照芽片大小，相应在砧木上由上向下切一切口，切口应平滑，切口比芽片稍长，将芽片嵌入切口中，在嵌入的过程中应注意芽子应向上，芽片上端必须微露出砧木皮层，以利于愈合。尽量使接穗形成层下部和两侧与砧木对齐，若砧木和接穗的粗度不一致，至少一侧要对齐，然后用塑料条绑严即可。

5. 嫁接后的管理

嫁接 7 ～ 10 天查看嫁接芽的成活情况，如有死亡，应立即补接。另外，注意田间杂草的清除和病虫害的防治。

6. 芽苗出圃时间

桃树落叶后即可出圃，上海地区一般在 12 月中旬至翌年 2 月中旬。

7. 芽苗出圃质量

根系发达、无检疫性病虫、无机械损伤，苗粗 0.6cm 以上，嫁接处伤口愈合良好无裂口，接芽充实饱满无损伤。苗木如需外运应由当地检疫部门进行安全检疫，外运过程中注意做好消毒、保湿工作。

四、Y 形幼树（成苗）培育

1. 集中育苗地选择与整地做畦

育苗地必须选择地势相对较高、土地平整、易排易灌、3 年内未种植桃树、土壤疏松的地块。冬至前每亩土地撒施 3000～4000kg 商品有机肥进行深翻，深翻深度 30～40cm，15～20 天晾晒后耙平，东西方向做畦，畦面成龟背形，畦面宽 2.4m，高 30～40cm，沟宽 30～40cm。

2. 苗木处理及移栽

选择嫁接芽成活且饱满、无根瘤的芽接苗，抹除嫁接口下方芽，伤根平剪，用 80% 乙蒜素乳油 2000 倍液与河塘淤泥混匀，蘸根消毒。每畦种植 3 行，每行间距 60cm，株距 1m。芽苗定植后在芽接绑缚带处剪砧，剪砧结束后浇 1 次透水。

3. 铺设滴灌带及地布

布置总灌水管道，两行桃树中间布置 1 条滴灌带，每个畦面布置 2 条。滴灌带布置完毕后用具有渗水性的地布覆盖，每行之间用宽 70cm 地布进行全覆盖，使每行地布进行重叠，15～20cm 地钉固定。沟系及畦的两侧用 2.4m 宽地布进行覆盖并固定。

4. 苗木肥水管理

苗木萌芽前，通过滴灌带施入 1 次高氮型水溶性肥，每株 10～15g；桃树新梢长至 20～30cm，再施入 1 次高氮水溶性肥，每株 25～30g；后期每间隔 15～20 天施肥 1 次，每株 50～75g，7 月后桃苗生长势较旺，可不施肥，只需根据土壤湿度进行灌水。在苗木萌芽期，继续抹除嫁接芽以下的芽子。

5. 病虫害防治

幼苗主要防治桃树蚜虫、梨小食心虫、桃树细菌性穿孔病等。

6. 苗木树形培养

苗木主干长度达到 25～30cm 时用麻绳固定在 2m 高竹竿上，保持其直立性。待主干高度达到45～55cm时进行摘心，选择两根与行向一致的二次梢作为主枝，主枝下方萌发的二次枝留基部2叶进行短截。当桃树主枝长度达25～30cm时，用两根2m高竹竿交叉且斜插入土中，深度25～30cm，两根竹竿交叉口位置在主干分枝处并绑缚，两主枝交叉角50°～60°。随着主枝的延长，每间隔30cm用麻绳绑缚1次，主枝上抽生的三次枝长度达到25～30cm进行摘心。

7. 成苗质量要求

成苗质量要求如下（表2-1）。

表2-1　成苗质量要求

级别	根　系	干高（cm）	主干粗度（cm）	主枝粗度（cm）	冠幅（cm）	检疫性病虫
一级	侧根数≥5条，长度15 cm	45～55	2.5	1.7	110	无
二级	侧根数≥4条，长度15 cm	45～55	2.0	1.4	95	无

主干粗度为嫁接口上10 cm处，主枝粗度为分枝上方10cm处，冠幅为两主枝顶端外围距离。

8. 出圃

起苗时间在桃树落叶后至萌芽前均可，起苗时尽可能挖大穴，多留侧根和细根，剔除病虫苗；根据主干粗度、高度、有无机械损伤、根系好坏、冠幅等进行苗木分级，分为一级、二级和其他等级。苗木如需外运应由当地检疫部门进行安全检疫，外运过程中注意消毒、保湿工作。

第二节　老桃园高标准改良与修复

一、老果园清理

老桃园清理首先标明老桃园原来的种植行向、株距及桃树种植位置。4月底前完成树体清除，大规模种植基地可采用大型挖掘机进行全田连根挖掘，将主要根系挖出，同时进行全田深翻、整平土地，要求深翻深度达 50 ～ 60cm，让其自然风化，在此基础上根据土壤墒情，及时旋耕 2 次，深翻及旋耕时，尽可能地挖清老树残根。

在树体清理时，可先锯断老桃树三主枝，清理好树体。再采用小型挖掘机进行全田连根挖掘，将主要根系挖出，同时进行全田深翻，要求深翻深度达 50cm 以上，也要尽可能地挖清老树残根。

二、土壤改良与修复

老桃园土壤改良有水淹处理和水稻轮作处理两种方式，可按实际情况选择其中一种方式。

1. 水淹处理

根据主栽水蜜桃品种成熟期，一般在 7 月中旬至 8 月中旬水蜜桃收获结束后，马上开始进行老桃园清理。清理进度越快越好，大型老桃园片区可通过多安排挖掘机进场作业等方式抢抓进度，以抢抓高温灭菌的有利时期。老桃园清理结束后，及时平整土地，筑好田埂，尽快开始全园灌水，灌水贮存期为 8 月中下旬至 10 月底，持续时间为 2 ～ 2.5 个月（不宜超过 3 个月），10 ～ 15 天换水 1 次。灌水结束后，要在田四周及时挖好排水沟，利用晴天加快晾地。

2. 水稻轮作处理

建议 4 月底前完成老桃园清理。在老桃园清理结束至 5 月上旬，进行施肥、打埂、灌水、水稻催芽等水稻种植前的准备工作，建议于 5 月中旬前完成水稻撒播播种（若是机插秧栽培可适当推迟播种时间）。水稻种植时间为 5 月中旬至 10 月。推荐种植早熟、早中熟水稻品种，建议在 10 月底前完成收割，否则将影响当年新园土地的平整、园区规划与幼苗种植等工作。如果老桃园土壤病害基数较大，建议在水稻种植过程中使用乙蒜素 1 ～ 2 次辅助进行全园杀菌。

3. 土壤改良建议

经过多年实践可知，若是老桃园清理能在 4 月底前完成，采用水稻轮作处理方式对土壤改良的效果较好，此方式可通过较长时间的厌氧环境来有效处理有害病虫菌群；若老桃园清理在当年8月中旬前完成，可使用水淹方式，此方式虽然比水稻轮作处理方式效果差，但是也可通过创造2～2.5个月的厌氧环境来处理有害病虫菌。

三、土壤消毒处理

1. 乙蒜素消毒

乙蒜素，主要剂型为80%乳油，属于植物源仿生型杀菌剂。为微黄色液体，有大蒜和醋酸臭味。其杀菌效果优越，易被吸收和降解，不易产生抗药性。具有高效广谱杀菌功效，兼具植物生长调节作用，能促进萌芽，提高发芽率，助力健长，增加产量和改善品质。对植物因真菌、细菌引起多种病害有较好的防治效果，尤其是对土传性病害有突出效果。可广泛用于立枯病、恶苗病、瓜菜枯萎病、根腐病、果树叶斑病、炭疽病、麦类赤霉病、条纹病、玉米叶斑病等多种作物的多种病害防治，促进生长。

2. 土壤消毒时间与方式

老桃园挖根平整结束后，及时筑好田埂，及早开始灌水浸泡老桃园土壤和平整后种植水稻，水稻种植期为5—9月，持续期为4个半月。在6月初，使用乙蒜素进行第一次土壤杀菌消毒；在9月初，使用乙蒜素进行第二次全园土壤杀菌消毒。

3. 注意事项

作业时必须戴护眼罩、口罩、橡胶手套，身着长裤、长袖作业衣、无破损长靴，以免药肥接触皮肤。药肥一旦接触皮肤，请用肥皂、清水仔细冲洗；如误入眼睛，即刻用清水冲洗，严重者请接受医生治疗。

4. 化学消毒

如果无法进行灌水浸泡的，须使用无公害土壤熏蒸消毒剂石灰氮进行土壤化学消毒。石灰氮，主要成分为氰氮化钙，或称氰氨基化钙（Calcium

Cyanamide，分子式：CH_2CaN_2），其他成分有氧化钙和碳素等。石灰氮遇水分解后所生成的液体氰胺与气体氰胺（最终生成尿素）对土壤中的真菌、细菌等有害生物具有广谱性的杀灭作用，并且对根结线虫也有一定的防治效果。在封闭环境下（土表薄膜覆盖、大棚密封或二者兼具），利用夏季太阳能日光照射提高土壤温度，经过热力灭菌作用，达到杀死或减少耕作层土壤有害生物的目的。将以上两种方法有机结合，便形成石灰氮高温土壤消毒技术。

（1）选择时间

在当季桃树收获后抢时间对树体清理残根，土壤整平后进行消毒，上海地区一般在7—9月进行，充分利用夏季气温较高、光照最好的一段时间。

（2）撒施有机物肥

每亩施用稻草（最好铡成4～6cm小段，以利于翻耕）或有机肥等未腐熟的有机物1000kg，然后再均匀撒施石灰氮颗粒剂40kg。

（3）翻耕

用旋耕机将有机物肥和石灰氮深翻入土中（深20～30cm为佳），使有机物料、石灰氮和土壤充分混匀。

（4）灌水

往畦面进行灌水，直至土壤湿透积水为止，或下大雨土壤湿透有积水也可。

（5）覆膜闷畦

用透明薄膜将土壤表面完全封闭。将畦面完全密闭，利用太阳能日光照射使畦面迅速升温（土表温度可达70℃以上），持续15～20天。

（6）揭膜晾晒

待消毒完成，打开覆盖薄膜，翻耕土壤并通风7天左右，即可播种或定植作物。

四、桃苗预备

为了保证新果园新种桃苗成活率和缩短产果期，要求种植二年生成苗，即提前一年就近培育原来未种过桃树的、最好前茬为水稻的土地，种植桃树芽苗，种植规格为0.8m×1m，培育成二大枝成形的二年生桃树成苗，再适量带土移栽。

五、定植和苗木消毒

1. 定植时间

12 月初至翌年 2 月中旬。

2. 挖定植穴

新园种植穴底宽 60cm，深 60cm。表土和深层土分开放置。如果种植成苗带土定植的，如苗较大的应加大加深定植穴。施充分腐熟的微生物菌肥每穴 5kg 左右，与土混合后回填。穴上层用表土做成一个高出畦面 25 ～ 30cm 的墩子。

3. 栽种

移栽前先对桃苗根系进行检查，剪除烂根。为进一步减少老桃园土传病害连作障碍的影响，移栽前须浸蘸根部。建议采用示范效果较好的专用生物菌剂（肥）、YH-18 生物菌剂或根癌宁 k84 菌剂对桃苗进行蘸根处理。一般将专用生物菌剂（肥）搅拌均匀后，加土调成糊状进行蘸根。另外，利用有专化性抑制作用的细菌素也可预防原有土壤病虫害的大发生。

4. 浇水

栽后使用生物菌剂兑水并浇透水（此菌在土壤中具有较强的竞争能力，可以产生对病菌有专化性抑制作用的细菌素，起到植株对病菌免疫的作用），保持良好抗病效果。

5. 补施菌肥

苗木成活 2 个月后再浇 1 次芽孢杆菌液。

第三节 省力化生态栽培种植

一、术语和定义

1.单平面Ｙ树形（又名平面Ｙ树形）

一种通过使用支架、铁丝及竹竿辅助等构建适合于行间机械化操作的树形，由主干和 2 个主枝构成的 Y 形骨架与树行平行。

2.双平面Ｙ树形（又名正Ｙ树形）

一种通过使用支架、铁丝及竹竿辅助等构建适合于行间机械化操作的树形，由主干和 2 个主枝构成的 Y 形骨架与树行垂直。

二、建园

1.园地选择

应选择交通方便、地势平坦、土壤肥沃（有机质含量在 1.0% 以上）、土层深厚（耕作层在 50cm 以上）、排灌方便、周围 1000m 处无水气污染源的地块，地下水位 0.8m 以下，pH6.0 ～ 7.5，含盐量不超过 0.12%，园地符合 DB31/T252—2000 要求。

2.桃园规划

根据桃园总面积，划分生产小区，一般每个生产小区面积 6 ～ 8 亩为宜，小区划分后修建贯穿整个桃园的主干道（6 ～ 8m），便于运送桃果和田间生产资料；连接主干道的支路（4 ～ 6m），便于机械通行。若生产小区大，应建设生产操作道（2 ～ 3m），便于田间机械的通行及运送桃果。

3.三沟配套

腰沟：深 0.6m，宽 0.8m，下铺过道排水管。围沟：深 1m，宽 1m。每行桃树两头各留 3.5 ～ 4m，下铺排水管道（直径 16cm），方便桃园机械掉头。

4.定植密度

a.单平面 Y 树形的行距 × 株距：5m×3m（44 株 / 亩）或 4.5×（3 ～ 4m）（49 株 / 亩）。

b.双平面 Y 树形的行距 × 株距：5m×3m（无大型结果枝组，44 株 / 亩），5m×4m（有大型结果枝组，33 株 / 亩）；苗木数量应留有余地，便于补种。

5.土地平整

桃树定植前进行土地平整和做畦，每亩施入商品有机肥 3 ～ 4t 后深翻，深翻深度 30 ～ 40cm，耙平。按照行距、深度进行开沟做畦，畦面整成龟背形，畦面宽度 2 ～ 2.5m，操作道宽度 2 ～ 2.5m，垄高与操作道平面落差 40 ～ 45cm 为宜。

6.辅助设施建设

（1）桃树单平面 Y 树形（无大型结果枝组）

每行桃树两头采用 6cm×8cm×3mm 规格钢管，高度 4m，埋入地下 70cm，其中 50cm 用混凝土固定，上面 20cm 用土覆盖。每行间隔 9m（行株距 4.5m×3m）或 8m（行株距 5m×4m），采用 3cm×6cm×2.5mm 规格钢管，高度 4m，埋入地下 70cm，其中 50cm 用混凝土固定，上面 20cm 用土覆盖。每根钢管拉 4 道塑钢丝（直径 3mm），第一道塑钢丝距离地面 70cm，向上的第二、三、四道均为 60cm 的间隔，塑钢丝应固定在同一侧。每行桃树两头的钢管设立内支撑，斜撑直线距离达到 2 ～ 3m（以株距而定，距离桃树主干应超过 1m）。

（2）桃树双平面 Y 树形（有大型结果枝组）

每行均采用 6cm×8cm×3mm 规格钢管，高度 1.2m，埋入地下 70cm，其中 50cm 用混凝土固定，上面 20cm 用土覆盖。每行间隔 8m（行株距 5m×4m）设置钢管立柱。在每个立柱上方固定两根 3cm×6cm×2.5mm 规格钢管，长度 2.7m，两根钢管交叉角 60°，每根钢管的内侧拉 4 道塑钢丝（直径 3mm），第一道塑钢丝距离钢管固定处 70cm，向上的第二、三、四道均为 60cm 的间隔。每行桃树两头的钢管设立内支撑，斜撑直线距离达到 2 ～ 3m（以株距而定，距离桃树主干应超过 1m）。

7. 挖定植穴

定植穴底宽 60cm，深 60cm。表土和深层土分开放置。

8. 底肥

底肥应使用充分腐熟的有机肥，每穴 20 ～ 25kg，与表层土混合后回填。

9. 定植时间

冬初至翌年早春萌芽前都可种植，但以冬初定植为宜。

10. 栽种与栽后管理

栽种时应保证主干距离塑钢丝 10cm 以上，防止因主干增粗而挤压塑钢丝，两主枝方向应与行向一致。定植时对受伤或霉烂根系进行修剪，超过 30cm 长根系适当剪短。在定植墩中心挖小穴，把苗木垂直放在小穴内，根系自然舒展，把细土填入根间，周边压实。填土时切忌架空，使根系与土壤充分密结，桃树种植后其原有苗木土痕稍高于畦面为宜，避免栽植过深，发现死苗立即补种；栽后浇透水，遇干旱应及时补浇 1 次，保持土壤湿润。

11. 定植后修剪

采取成苗种植，定植后应进行修剪，桃树主干上枝条全部疏除，主枝选择粗壮部位的外芽上方进行短截（两主枝开展角度小）或者内芽上方短截（两主枝开展角度大），主枝剪口芽下方的枝条基部短截。

12. 竹竿扦插

修剪结束后，每株桃树用两根竹竿进行斜插（角度为 50°～ 60°，长度为 2.7 ～ 3m），两根竹竿交叉点在桃树主干分枝处，用扎丝或者麻绳进行固定，然后每根竹竿与塑钢丝用扎丝进行固定。

三、土、肥、水的管理

1. 土壤管理

（1）生草覆盖

选择适宜的草种进行桃园行间生草，不仅能增加土壤有机质含量，减少水分蒸发和径流，还能保持土壤湿润，为土壤微生物提供良好的生长环境。草种应选择多年生草，如黄花苜蓿（草头）、白三叶、鼠毛草等。当生草长到 20 ～ 30cm 高时进行机械刈割。在桃树肥、水关键期，必须普遍割草，视实际情况每年割草 3 ～ 4 次。桃树树盘下方不生草，可将刈割的草覆盖树盘。

（2）深耕改土

为了改善土壤的理化性状，为根系向纵深扩展创造良好条件，增强桃树抗逆性，减少病虫害基数，每年秋冬季结合有机肥施入进行深翻。掌握近主干处浅、远主干处深的原则。

2. 施肥

（1）幼树

采取薄肥勤施，3—5 月以氮肥为主，6 月后增施磷、钾肥。冬季每株树施入有机肥 20 ～ 30kg。

（2）结果树

桃树施肥时间与施肥量应根据树势、产量而定，一般全年施 4 次，主要为萌芽肥、膨果肥、采后肥、基肥。萌芽肥以氮肥为主；膨果肥以磷、钾肥为主，氮肥为辅；采后肥氮、磷、钾均衡施入；基肥以有机肥为主。

（3）施肥方法

根据建园规则，按照双减要求，建议平时使用水肥一体化设施，施用水溶肥为主；基肥施肥方式以深翻与施有机肥结合为宜，一般先把商品有机肥 20 ～ 30kg/ 株结合生物有机肥 5 ～ 10kg/ 株，覆于树盘周围后结合深翻进行操作，掌握近主干处浅、远主干处深的原则。另可根据树体所需的营养元素进行叶面喷施，注意喷施浓度。

3.水分管理

（1）排水管理

桃园应深沟高畦防止积水，特别雨季要注意开沟排水，疏通沟系，做到雨停沟干。

（2）灌水管理

桃果实在成熟前后正值高温夏旱季节，必须及时灌水，灌水宜在傍晚进行，做到薄水勤浇，有条件的果园可采用肥水一体化设备进行施肥、灌水工作。

四、Y 树形修剪

桃树修剪分为生长季修剪和休眠季修剪：休眠季修剪在 12 月初至翌年 2 月中旬；生长季修剪一般为 4—9 月。

1.单平面 Y 树形修剪（无大型结果枝组）

（1）定植当年

①夏季修剪

采用芽苗种植时，夏季修剪参考桃树 Y 树形成苗集中繁育技术。一年生成苗种植时，二主枝的芽萌发后，背上芽和过多的密生枝条抹去，使同侧新梢的基部间距保持 15～20cm；剪口下第一芽作为延长头，延长梢长到 30cm 进行绑缚，以后每 30cm 绑缚 1 次，在 40～50cm 时进行摘心，以促发副梢，直立副梢疏去，斜生旺长副梢在 25～30cm 时扭梢；剪口芽下方萌发的新梢，选择 1 根粗壮枝进行拉枝，绑缚在第一挡塑钢丝上，并培养成结果枝组，利于控制树势，防止上强下弱。

②冬季修剪

主枝延长头的剪留长度为 50～70cm，剪口芽留外芽或侧芽，剪口芽下方 40cm 内不留侧枝，应在其基部留副芽。主枝上的枝条应遵循去旺留壮、去直留斜的原则。疏除或重短截基部粗度超过主枝粗度 1/3 的枝条，保留中庸偏壮的斜生枝，长度为 30～50cm，粗度为 0.5～0.6cm，并且都进行长放，采用长梢修剪的方式。

（2）定植第二年（初结果期）

①夏季修剪

主枝延长头每隔30cm绑缚1次，疏除直立枝或视周围空间进行短截，促发两侧分枝，主枝上斜生旺长梢25～30cm时扭梢。桃树进入初结果期，夏季应注意对结果枝的修剪，根据桃果在结果枝上的着生位置，对其进行适当回缩；无叶的结果枝进行疏除，无果的结果枝进行短截，保证桃树通风透光。

②冬季修剪

对两个主枝延长头适当回缩，剪口芽下方40cm内不留侧枝，应在其基部留副芽。主枝上的侧生枝粗度与着生部位中心干的粗度比要控制在1/3以下，超过就应留基部副芽疏除，直立枝视其周围空间，如有空间可短截，促发侧枝。当年结果的枝条进行回缩，延缓结果枝外移速度。

（3）定植第三年后（结果盛期及以后）

①夏季修剪

继续保持两主枝的优势，调整中心干与侧生枝及树冠上下部的平衡。对过密枝进行疏除或短截，结果枝的处理按照初结果期的方式进行，保持树体通风透光。

②冬季修剪

主枝延长枝达到2.6～2.8m进行回缩，主枝上的侧生枝粗度与着生部位中心干的粗度比要控制在1/3以下，超过就应留基部副芽疏除，直立枝视其周围空间，如有空间可短截，促发侧枝。当年结果的枝条进行回缩，延缓结果枝外移速度。桃树上部多留长果枝，促进其多结果，以果压势，削弱上部树势，达到上下部树势平衡。

2. 双平面Y树形修剪（有大型结果枝组）

（1）定植当年

①夏季修剪

采用芽苗种植时，夏季修剪参考桃树Y树形成苗集中繁育技术。一年生成苗种植时，二主枝的芽萌发后，背上芽和过多的密生枝条抹去，使同侧新梢的基部间距保持 15 ～ 20cm；剪口下第一芽作为延长头，延长梢长到 30cm 进行绑缚，以后每 30cm 绑缚 1 次，在 40 ～ 50cm 时进行摘心，以促发副梢，直立副梢疏去，斜生旺长副梢在 25 ～ 30cm 时扭梢。当二主枝长度达到 70cm 时，选择两根与行向一致的侧新梢绑缚在第一道塑钢丝上，以后每到一挡塑钢丝处，方法同上，培养成大型结果枝组（侧枝）。

②冬季修剪

主枝延长头和侧枝回缩到较粗的位置，确保其发枝力强，剪口芽留外芽或侧芽，剪口芽下方 40cm 内不留侧枝，应在其基部留副芽。主枝上的枝条（培养的大型结果枝组除外）掌握去旺留壮、去直留斜的原则，疏除基部粗度超过主枝粗度 1/3 的枝条，保留大多为中庸偏壮的斜生枝，长度为 30 ～ 50cm，粗度 0.5 ～ 0.6cm，并且都进行长放，采用长梢修剪的方式。

（2）定植第二年（初结果期）

①夏季修剪

主枝延长头每隔 30cm 绑缚 1 次，疏除直立枝或视周围空间进行短截，促发两侧分枝，主枝上斜生旺长新梢 25 ～ 30cm 时扭梢。在主枝不断延伸的情况下，继续在每一挡塑钢丝处选择粗壮二次梢进行牵引，培养成大型结果枝组（侧枝）。桃树进入初结果期，夏季应注意对结果枝的修剪，根据桃果在结果枝上的着生位置，对其进行适当回缩；无叶的结果枝进行疏除，无果的结果枝进行短截，保证桃树通风透光。

②冬季修剪

对两个主枝延长头适当回缩，主枝上抽生的背上枝进行疏除或视空间进行短截，促发两侧分枝。大型结果枝组上着生的枝条采取旺枝留基部副芽，过密枝进行短截，其他采取适当回缩。

（3）定植第三年后（结果盛期及以后）

①夏季修剪

调整中心干与大型结果枝组的平衡关系，结果枝根据坐果位置进行适当回缩，对粗壮新梢进行短截或者扭梢，保持树体通风透光。

②冬季修剪

主枝延长枝达到第四挡塑钢丝处留2枝绑缚，主枝进行回缩，主枝上抽生的背上枝进行疏除或视空间进行短截，促发两侧分枝。大型结果枝组上着生的枝条采取旺枝留基部副芽，过密枝进行短截，其他采取适当回缩。

五、花果管理

1.花期管理

（1）花期修剪

在大蕾期疏除无叶花枝，短截无花叶枝，顶端无叶的枝条回缩到有叶的部位，过密枝继续疏除或短截。

（2）花期授粉（无花粉品种）

无花粉品种应隔行配置授粉树或人工授粉，人工授粉应选择花期早、花粉量大、亲和力强的品种，授粉前做好花粉收集、制作工作，用毛笔或者铅笔带橡皮的一头蘸花粉点到刚开放花朵的柱头上，蘸1次可以点花3～4个，主要点结果枝中部两侧或下方的花朵，授粉顺序按照主枝顺序排列，由下向上、由内向外逐枝进行。一般长果枝点6～8朵，中果枝点3～4朵，短果枝点2～3朵。授粉后2～3h内下雨或遇晚霜，重复授粉2次。

（3）疏蕾疏花

疏蕾比疏花好，疏花比疏果好，但是否开展疏蕾疏花工作应根据品种特性及开花期天气而定，对无花粉品种、花期遇低温或降雨天气不进行疏蕾疏花。

（4）桃树谢花期管理

桃树谢花期喷施1次杀虫剂和杀菌剂，杀虫剂以防治蚜虫为主，杀菌剂以防治炭疽病、穿孔病等为主。

2.果实管理

（1）疏果

桃树疏果一般进行2～3次，第一次在4月底至5月初，第二次5月中旬，第三次在5月下旬定果。疏果应掌握先疏除病虫果、畸形果、基部果、背上果，保留枝条中部的下部或者两侧果。留果量应根据树势、品种特性而定，一般长果枝（30cm 以上）留 1～2 个果、中果枝（15～30cm）留 1 个果、短果枝（15cm 以下）不留果。

（2）套袋

5 月下旬至 6 月上中旬，因品种而异，以梅雨季节来临前套完为佳。选用专用套袋，套前喷 1 次无公害杀菌杀虫混合药剂。

（3）撕袋

在成熟之前视天气情况提前 7～14 天进行撕袋，以提高果实外观和内在品质。

六、采后管理

1.清园管理

对残留在树体上的废袋、病僵果、枯死的枝条、被梨小食心虫等危害的残梢及时进行清理，并刮除病斑，集中烧毁，减少病虫源基数（刮除流胶）。

2.施采后肥

桃采果后，应及时追肥，施肥时间应在采收后 15 天左右开始陆续进行，干旱时可结合灌水进行，特晚熟品种可与秋施基肥相结合。用量依树势而定，常规株施 0.5～0.7kg 三元复合肥，促进花芽分化。

3.适度修剪

桃果采收后，树体营养会转移到枝叶和根系，枝叶生长茂盛，影响树体内部通风透光，必须及时疏掉过密枝条（树势强的树可不施采后肥）；对那些细弱枝、病虫枝、枯死枝和下垂枝，也要进行疏除或短截，以便打开光路，充实枝条，减少消耗，有利于花芽分化。

4.清理沟系

8—9 月仍为台风高发期，及时进行果园沟系清理，保证降雨时园区内不积水（积水 24h 以上可导致树体死亡），减少病害发生。

5. 采后喷药

桃树采果后,为保护叶片,应及时喷施1次药剂,主防梨小食心虫、穿孔病、叶锈病等病虫害,且后期视桃园病害发生情况及时用药。

七、桃果采收

1. 采收期

（1）硬熟期

果实绿色减退,基本泛白,已停止膨大,果面丰满,果皮不易剥离,对制罐、鲜食及销运外地的水蜜桃可采收。

（2）成熟期

果实由绿转白或乳黄色,向阳面呈现红霞或红斑,果实充分肥大,果皮易剥离,固形物急剧增加,具有色、香、味,果面发软,不能远运,只能当地供应。

（3）采收适期

桃果的风味、色泽不会因后熟而增进,主要是在树上充分成熟才能表现出来。故不能过早采收,但充分成熟后,皮薄、肉软易受机械损伤,不耐贮运,亦不能迟采。

2. 采收方法

用手掌托持果实,稍扭即下,套袋果连袋采收,注意不能用手指按压果实和强拉果实,以免果实受伤和枝条折断。篮子内衬软布,高树要用梯子,轻采轻放,不能甩果子。

3. 采收时间

应安排在晴天上午天气凉爽时或下午天气转凉后进行。

4. 包装

采下果实避免曝晒,宜放在阴凉处,当天不能销售结束的果实尽快放进预冷库,清除纸袋,进行分级、包装,装果用瓦楞纸箱,内衬碎纸等软物,不能挤压和过满，小箱在 2.5 ～ 5kg，大箱在 7.5 ～ 10kg。

5. 运输

箱子叠装不能过高，装卸时要轻装、轻放，要防止日晒、雨淋，并要防冻、防热，进行冷链运输。

八、桃园生草

1. 草种的选择

栽培的草种应高度适中，覆盖性好，根系浅；与桃树无共同的病虫害，便于管理；容易繁殖抗性好，耐割耐践踏，再生能力强。

2. 上海地区适宜的草种

适宜种植白三叶（四季常青）、黄花苜蓿（草头）（生长期一般为9月中旬至翌年6月）。

3. 播种时期及播种量

上海地区草种播种时期一般分为春季播种和秋季播种，春季播种在3月中旬至4月中旬，气温稳定在15℃以上时进行。秋季播种一般在9月上旬至10月上旬。秋季土壤墒情较好，杂草生长势弱，有利于白三叶和草头成坪，因此较春季播种更为适宜。白三叶和草头每亩播种量一般为2 ～ 3kg，桃树树冠下方不宜播种，避免与桃树争水争肥。

4. 整地与播种

种子在播种前1天用温水浸种，边搅动热水边倒入种子，搅动到室温后浸种 8h，捞出后晾干即可播种。播种前将土地整平、整松、敲碎大土块。将种子与适量细土或沙子拌匀后撒播在地表，覆土 0.5 ～ 1.5cm。播种时可以结合天气预报，采用干种等方式。种植方式条播或者撒播均可，条播行距 20 ～ 30cm。注意树冠下方不进行播种，避免与桃树争水争肥。

5. 苗期管理

当年的管理是种草成功的关键。春季播种如遇到天气干旱，要适量补水或少量覆草，确保出苗整齐，防止因伏旱造成死苗。秋季播种，冬季可覆盖农家肥或黄土，利于幼苗安全越冬。在幼苗期，要勤除杂草，促使草尽快覆盖地面。在幼苗生长初期应适当追施氮肥，促其尽快生长。

6. 刈割和冬季翻耕

当高度长到 30cm 左右时进行刈割，1 年可刈割 2 ～ 4 次，刈割时留茬 10cm 以上，以利于再生。刈割下的可就地在株间或树冠下进行覆盖。播种后的第一年，因苗弱根系小，不宜刈割。冬季翻耕可以采取间隔式深翻土壤，间隔距离 30 ～ 40cm，第一年种植不建议翻耕。

九、桃枝粉碎再利用

1. 桃树枝条处理

桃树枝条质地较为坚硬，粉碎粒度大小应控制在 0.5 ～ 2cm 为宜，较小的颗粒有利于水分的渗透，能扩大微生物与发酵物的接触面积，有利于微生物分解。

2. 发酵场地选择

场地应选择取水方便、交通便利、面积较大而平坦的水泥或硬地面。

3. 调整原料碳氮比

桃树枝条粉碎物碳氮比为（250 ～ 400）：1，必须加入碳酸氢铵或尿素等氮源来调配碳氮比。桃树枝条粉碎物快速发酵的碳氮比应控制在（20 ～ 30）：1 的范围，最适宜的碳氮比为 25：1。一般情况下，每立方米枝条粉碎物需加入 1 ～ 1.5kg 尿素或 3 ～ 4.0kg 碳酸氢铵，将尿素或碳酸氢铵加水稀释在 50kg 水中，在堆肥首次加水时，用高压喷雾器均匀喷洒在枝条粉碎物上，用搂耙搅拌均匀，使物料吸收含氮素的水分，尽量减少流失。

4. 调整原料含水量

堆肥原料水分的多少，直接影响堆料的性质、堆肥反应速度的快慢、堆肥腐熟的程度和堆肥产品的质量，是堆肥成败最重要的控制条件。堆肥的相对水分含量要求为 60% ～ 70%，达到手握成团、手松即散的效果即可。

5. 接种有益菌种

添加有益菌种可缩短堆肥发酵时间，有利于分解桃树枝条粉碎物中的木质素、纤维素。可加入酵素菌、芽孢杆菌、放线菌等。

6. 堆垛的高度和宽度

将原料堆积成长条形的梯形垛，底部宽 1.5 ～ 2m，高 1 ～ 1.5m，长度视原料多少和场地大小而定。

7. 覆膜、发酵与翻堆

在梯形垛堆好后，在上面覆盖塑料薄膜，四周用土压实，随着菌丝的生长，堆内温度可达 60 ～ 70℃。7 天后翻堆，翻堆时查看桃树枝条粉碎物的湿度，如湿度不够，应适当增加水分。翻堆结束后，继续覆盖塑料薄膜，使其继续升温，待堆温不再上升，枝条堆肥发酵完成。

8. 粉碎物腐熟鉴别

采用以上程序进行堆制的桃树枝条粉碎物变成褐色或红褐色，堆体比刚堆时塌陷 1/3 左右。发酵后的原料用手握住柔软有弹性，干时很脆，容易破碎，这都是充分腐熟的标志。

9. 堆肥还田

堆肥还田前，再接种 1 次有益菌种为佳，接种完毕后将堆肥覆盖在桃树树冠下方，厚度 2 ～ 3cm。

十、桃园机械应用

1. 割草机械

桃园割草机械可选用手持式电动或汽油割草机、手推自走式割草机、乘坐式割草机等。

2. 土壤管理机械

采用多功能施肥机、果园拖拉机等提供动力，选配适宜的配件，可实现开沟、深翻、施肥等操作。

3. 桃果采收和修剪

Y 形树形高度较高，桃果采收和修剪可选用履带式移动升降机进行操作。

4. 病虫害防治

桃园病虫害防治可采用履带自走式风送喷雾机。

5. 田间搬运机械

桃园肥料、果实、农资等运送可采用自走式履带搬运车。

第四节　桃绿色综合防控

桃绿色综合防控是指以确保桃生产、桃果品质量和生态环境安全为目标，以减少化学防治为目的，综合采用农业防治、生物防治、生态调控等技术和方法，控制病虫害发生危害的集成植物保护技术。

一、主要病害

桃树主要病害有细菌性穿孔病、褐腐病、缩叶病、缺铁性黄化病、根癌病、流胶病等，具体如下。

1. 细菌性穿孔病

（1）为害症状

主要发生在叶片，发病初期为水渍状小斑点，之后扩大为圆形或不规则形，病斑周围呈水渍状，并有黄绿晕环，以后病斑干枯，边缘发生裂纹，脱落形成穿孔，有时数斑融合成一块大斑，造成大量落叶。

（2）发病规律

在上海地区该病以菌丝体和分生孢子器在病梢上越冬，翌年 3 月下旬至

4月中旬产生分生孢子，随气温上升，潜伏在组织内的细菌开始活动，借风雨或昆虫传播，从皮孔、伤口侵入。高温多湿易导致此病发生较重，干旱时病势进程缓慢，到雨季发病严重。

（3）防治方法

a.加强桃园综合管理，园址切忌建在地下水位高或低洼地；土壤黏重和雨水较多时，要筑台田，注意排水；同时要合理整形修剪，改善通风透光条件；冬夏修剪时，及时剪除病枝，清扫枯枝落叶，集中烧毁或深埋。

b.药物防治：芽膨大前期喷布波美3～5度石硫合剂，露红期喷施1：1：100倍波尔多液或77%氢氧化铜300倍液，杀灭越冬病菌；展叶后至发病前喷布20%噻菌铜悬浮剂500倍液或33.5%喹啉铜750～1000倍液或40%噻唑锌悬浮剂800倍液或硫酸锌石灰液（0.5：1：200）1～2次。

2.褐腐病

褐腐病又名菌核病，是真菌性病害，以果实受害最重。

（1）为害症状

果实整个生长期均能受害，越接近成熟，果实受害越重，上海水蜜桃最初在被害果面上产生褐色圆形病斑，在数日内可扩及全果，果肉逐渐变褐软腐，近成熟的病果腐烂后易脱落，但不少患病幼果失水后变成僵果，悬挂枝上经久不落。此病是近年造成水蜜桃商品果率下降的主要病害之一。

（2）发病规律

病原菌以菌丝体在僵果和枝梢溃疡处越冬。上海地区翌年3月下旬产生分生孢子，借风雨、昆虫传播，经柱头侵入花器，经虫伤、机械伤等侵染果实。该病原菌自桃树花期到成熟期均能侵染，贮藏期还能通过与病果接触发生传染。高湿是影响病害发生的主导因素，上海6月的梅雨季节此病发生较重。

（3）防治方法

a.结合冬剪彻底清除树上树下的病枝、病叶、僵果，集中烧毁。秋冬深翻树盘，将病菌埋于地下。

b.在发芽前，喷布波美3～5度石硫合剂，花蕾露红期喷1：1：100

的波尔多液或 77% 氢氧化铜 300 倍液，谢花后 10 天，喷施 70% 丙森锌可湿性粉剂 700 倍液或 24% 腈苯唑悬浮剂 2500～3000 倍液，每隔 10～15 天喷 1 次，连喷 2 次。

c. 每年 5 月中下旬适时对果实进行套袋，并加强排水，增施有机肥，增强树势并避免留枝过多，保证通风透光。

d. 加强贮藏、运输期间的管理，桃果采收、贮运时尽量避免造成伤口，发现病果，及时捡出。

3. 缩叶病

缩叶病是我国南方桃产区的主要病害，在上海地区也较重。

（1）为害症状

在上海地区早春发病较重，主要为害桃树幼嫩部分，以侵害叶片为主。春季嫩梢刚从芽鳞抽出时就显现卷曲状，颜色发红，随叶片逐渐开展，卷曲皱缩程度也加剧，叶片增厚变脆，严重时全株叶片变形，枝梢枯死。

（2）发病规律

该病菌以子囊孢子或芽孢子在桃芽鳞片外表或芽鳞间隙中越冬，到第二年春天温度超过 10℃ 时，孢子萌发侵害嫩叶或新梢。病菌侵入后能刺激叶片中细胞大量分裂，同时细胞壁加厚，造成病叶膨大和皱缩。上海早春如遇低温多雨的年份（桃树萌芽展叶期），缩叶病发生严重；如早春温暖干燥，则发病轻。

（3）防治方法

a. 药物防治。萌芽前及时喷洒布波美 3～5 度石硫合剂，花蕾露红期喷 1∶1∶100 倍波尔多液或 77% 氢氧化铜 300 倍液。发病较重的果园，展叶后及时喷 50% 多菌灵 800 倍液或 60% 唑醚·代森联水分散粒剂 1000～2000 倍液防治。

b. 在发病初期，要及时摘除病叶，带出桃园集中处理。

c. 发病重、落叶多的桃园，要增施有机肥料，加强栽培管理，以促使树势恢复。

4. 缺铁性黄化病

根据近几年对上海郊区桃园的观察发现，该病主要是由于土壤 pH 偏高、桃树根系营养元素吸收失衡、铁元素缺乏所致。

（1）为害症状

桃树缺铁主要表现在叶脉保持绿色，而脉间褪绿。严重时整片叶全部黄化。最后白化，导致幼叶、嫩梢枯死。

（2）发病原因

由于铁元素在植物体内难以转移，所以缺铁症状多从新梢顶端的幼嫩叶开始表现。铁对叶绿素的合成有催化作用，铁又是构成呼吸酶的成分之一。缺铁时，叶绿素合成受到抑制，植物表现褪绿、黄化甚至白化。

（3）防治方法

防治缺铁症应以控制盐碱为主，增加土壤有机质，改良土壤结构和理化性质，增加土壤的透气性为根本措施。

a. 碱性土壤可施用生理酸性肥料加以改良，促使土壤中被固定的铁元素释放。

b. 控制盐害是盐碱地区防治桃树缺铁症的重要措施。主要方法：不用含碳酸盐较多的硬水浇地；修筑排灌设施或台田，以便及时灌水压盐；在灌水后及时中耕，减少盐分随毛细管水分蒸发上升至地面。

c. 黄化病严重的桃园，必须补充可溶性铁。展叶后，喷用 $1000 \sim 1500 \text{mg/kg}$ 的螯合铁溶液，或 0.15% 的硫酸亚铁溶液，每隔 $7 \sim 10$ 天 1 次，连喷 $3 \sim 4$ 次。

5. 根癌病

主要为害根部及根颈部，形成肿瘤，造成桃树生长不良或死亡，本病能侵害许多果树品种。

（1）为害症状

主要发生在根颈部，也发生于侧根或支根，瘤体初生时乳白色或微红，光滑柔软，后渐变褐色，木质化而坚硬，表面粗糙凹凸不平，瘤的差异很大，小如豆粒，大如拳头，最大的直径可达几十厘米。

（2）发病规律

病菌在癌瘤组织皮层内越冬越夏，当癌瘤组织瓦解或破裂后，病菌在土壤中生活和越冬。病菌主要通过雨水、灌溉水，以及地下害虫如蝼蛄和蛴螬等近距离传播，远距离传播主要通过苗木的调运。病菌侵入的主要途径是各种伤口，最适宜环境为22℃左右的温度和60%湿度的土壤，病害在苗圃发生最多。

（3）防治方法

a.培育苗木时，避免重茬，栽种桃树或育苗忌重茬，同时在幼苗定植后，要适时用402溶液浇灌；碱性土壤应适当施用酸性肥料或增施有机肥，如绿肥等，以改变土壤反应，使之不利于病菌生长。

b.加强苗木的检疫，防止带入病菌。

c.防治地下害虫，使根部不受伤害，可减轻发病。

d.病瘤处理：在定植后的桃树上发现病瘤时，先用快刀彻底切除癌瘤，然后用稀释100倍硫酸铜溶液或50倍抗菌剂或402溶液消毒切口，再外涂波尔多液保护。

6.流胶病

此病在上海桃产区发病较重。病因复杂，不易彻底防治。流胶会造成树势衰弱，影响果品质量，甚至死树。

（1）为害症状

此病多发生于桃树枝干处，尤以主干和主枝交叉处最易发生。初期病部略膨胀，逐渐溢出半透明的胶质，雨后加重。其后胶质渐成冻胶状，失水后呈黄褐色，干燥时变为黑褐色。严重时树皮开裂，皮层坏死，生长衰弱，叶色变黄，甚至枝干枯死。

（2）发病规律

据浙江农科院分析，上海桃流胶病多为真菌性病害，但致病因素较多。根据国内外的研究，以下几项因素可使桃树发生流胶。

a.不良环境条件，如排水不良、土壤黏重、土壤盐碱化、土壤缺镁等，使桃产生生理障碍，也能引起流胶。

b. 寄生性真菌及细菌的危害，如炭疽病、穿孔病，使病株生长衰弱，引发流胶；枝干、果实被害虫如红颈天牛等蛀食，引起主干、主枝流胶，桃蛀螟、椿象、蜗牛蛀食引起果实流胶等。

c. 病菌孢子借风雨传播，从伤口和侧芽侵入。树体因非侵染性病害发生流胶后，容易再感染侵染性病害，尤以雨后为甚，树体迅速衰弱。

（3）防治方法

a. 加强土、肥、水的管理，改善土壤理化性质，增强树体抵抗能力。

b. 及时防治桃园各种病虫害。

c. 落叶后，树干、大枝涂白，防止日灼、冻害，兼杀菌治虫。

d. 芽膨大前喷洒布波美 5～7 度石硫合剂，露红期喷 1∶1∶100 波尔多液或 77% 氢氧化铜 300 倍液，铲除越冬病菌。

二、主要虫害

桃树主要虫害包括梨小食心虫、桃蛀螟、红颈天牛、桃潜叶蛾、桃粉蚜、山楂叶螨等，具体如下。

1. 梨小食心虫

又名桃折梢虫，幼虫主要蛀食梨、桃树的果实和桃树的新梢，在桃、梨等果树混栽的果园危害严重。

（1）为害症状

上海地区每年 1～3 代大部分梨小食心虫主要为害桃梢，且桃梢被害后萎蔫枯干；4 代以后则主要为害果实，被害果有小的蛀入孔，孔周围微凹陷，最初幼虫在果实浅表为害，孔处排出较细虫粪，然后由浅入深，果肉蛀道直向果核，被害处留有虫粪，虫果易腐烂脱落。

（2）发生规律

梨小食心虫在我国各地的发生代数因气候差异而不同。在长江三角洲地区 1 年发生 4～5 代，有转主为害习性，均以老熟幼虫在枝干裂皮缝隙、树洞和主干根茎周围的土中结茧越冬，第二年春季 4 月上旬开始化蛹，发生期很不整齐，世代重叠现象较重。

（3）防治方法

a. 迷向丝防治：4 月初拧挂梨小食心虫性信息素迷向丝，可持续对各代雄成虫产生迷向作用，降低成虫交配概率，压低前期虫量，进而减轻幼虫对桃梢、桃果为害，持效期可达 4 个月，推荐使用密度为 33 根 / 亩。

b. 人工防治：冬春刮除老粗皮、翘皮，彻底挖除越冬幼虫；夏季及时剪除被害梢，消灭其中幼虫。

c. 药剂防治：勤检查，加强虫情测报，当成虫数量到达高峰时，即当喷药防治，用 8000IU/mg 苏云金杆菌悬浮剂稀释 200 倍喷雾（不能与有机磷杀虫剂或杀菌剂混合使用，建议与其他作用机制不同的杀虫剂轮换使用）或 25%灭幼脲 3 号悬浮剂 1500～2000 倍液等每 10～30 天喷 1 次，连喷 2～3 次，都有较好效果。

d. 合理配置树种，避免桃、梨混栽。

2. 桃蛀螟

桃蛀螟又名桃蠹螟，是桃树的重要蛀果害虫。

（1）为害症状

主要表现为幼虫蛀食果实。初孵幼虫先在果梗、果蒂基部蛀食果皮，之后从果梗基部沿果核蛀入果心，蛀食幼嫩核仁和果肉。果外有蛀孔，常从孔中流出胶质物，并排出褐色颗粒状粪便，果内也有虫粪，虫果易腐烂脱落。

（2）发生规律

上海地区一年发生 4～5 代，主要以老熟幼虫在被害桃果、树皮裂缝及各种寄主茎秆等处越冬；也有少部分以蛹越冬。成虫对黑光灯有强烈的趋性，对糖醋味也有趋性，白天停歇在叶背面，傍晚后活动。

（3）防治方法

a. 结合冬季修剪彻底剪除枯枝残叶，挖、刮除树皮缝中的越冬幼虫，及时清理地面杂草等越冬场所，消灭越冬虫源。

b. 加强虫情观测，5 月中旬开始挂上糖醋液或性引诱剂，每天早上捞取成虫，按日期为横坐标，成虫头数为纵坐标，画一曲线图，待高峰出现后的 2～3 天都是有效的防治时期。在卵发生和幼虫孵化期喷 60% 乙基多杀菌素乳油 1500 倍液或 8000IU/mg 苏云金杆菌悬浮剂稀释 200 倍（不能与有机磷杀虫剂或杀菌剂混合使用，建议与其他作用机制不同的杀虫剂轮换使用)1～2 次，均可达到良好效果。

c. 桃树合理修剪，合理留果。

d. 果实套袋，套前结合防治其他病虫害喷药 1 次，以消灭早期桃蛀螟的卵与幼虫。

3. 红颈天牛

（1）为害症状

红颈天牛是近几年上海水蜜桃产区老果园中最主要虫害之一。幼虫蛀食桃树枝干皮层和木质部，使树势衰弱，寿命缩短，严重时桃树成片死亡。

（2）发生规律

长江三角洲地区 1～2 年完成 1 代。以大幼虫在树皮下及木质部蛀道中越冬。次年 3 月下旬恢复活动，继续在皮层下和木质部钻蛀不规则的隧道，并向外排出大量红褐色虫粪及碎屑，堆满树干基部地面，5—8 月为害最烈。严重时树干被蛀空而死。幼虫 6～7 月羽化为成虫，羽出的成虫中午前后攀附在枝叶上取食，补充营养。

（3）防治方法

a. 夏季成虫出现期，捕杀成虫。主要利用成虫中午至下午 2 时前静息在枝条上的习性，进行捕捉。

b. 幼虫孵化后，经常检查枝干，发现虫粪时，将皮下的小幼虫用铁丝钩杀，之后用棉花絮蘸上药液堵塞虫孔；或用枝接刀在幼虫为害部位顺树干纵划 2～3 道杀死幼虫。

c. 树干涂白：以生石灰 10 份、硫黄粉 1 份、水 40 份加食盐少许制成涂剂，将主干、主枝涂白，既防止成虫产卵，又可防病治病。

4. 桃潜叶蛾

桃潜叶蛾又名桃叶潜蛾，主要为害叶片。

（1）为害症状

幼虫在叶肉内串成弯曲潜道，并将虫粪充塞其中，可由叶面透视幼虫虫体，严重时每一叶片内有数十条幼虫同时潜食。造成干枯而大量脱落，严重影响桃树花芽的分化和养分的积累。

（2）发生规律

上海地区依年份不同发生 5 ～ 7 代，以成虫在桃树、梨树等树皮缝内及落叶、杂草中过冬。来年 4 月桃展叶后，成虫羽化，夜间活动产卵于叶下表皮内，幼虫孵化后，在叶组织内潜食为害，老熟后在叶内吐丝结白色薄茧化蛹。近几年观察发现，5 月初发生第一代成虫，最后一代发生在 11 月上旬。

（3）防治方法

a. 冬季搞好清园：扫除落叶集中烧毁，刮除老皮，刮下的老皮集中处理，注重涂白和桃园土壤深翻工作。

b. 药物防治：利用性引诱剂对其进行严密监控，在成虫发生高峰后 2 ～ 3 天内适时用药。所用药物：8000IU/mg 苏云金杆菌悬浮剂稀释 200 倍（不能与有机磷杀虫剂或杀菌剂混合使用，建议与其他作用机制不同的杀虫剂轮换使用）1 ～ 2 次或 25％灭幼脲 3 号悬浮剂 1500 ～ 2000 倍液。

5. 桃粉蚜

桃粉蚜又名桃大尾蚜，主要为害叶片。

（1）为害症状

若虫群集于新梢和叶背刺吸汁液，被害叶失绿，向叶背纵卷，卷叶内积有白色蜡粉，严重时叶片早落，影响嫩梢生长，排泄的蜜露常致煤污病发生。

（2）发生规律

1 年发生 10 代以上，生活周期类型属乔迁式，以卵在桃等寄主的芽腋、裂缝及短枝杈处越冬，桃萌芽时雌虫开始孵化，群集于嫩梢、叶背为害繁殖。5—6 月间繁殖最盛，为害严重，大量产生有翅胎生雌蚜，迁飞到夏寄主（禾本科等植物）上为害繁殖，10—11月产生有翅蚜，返回桃树繁殖，有性蚜交尾产卵越冬。

（3）防治方法

a.加强果园管理，剪除被害枝梢，集中烧毁。

b.开花、卷叶前及时喷洒吡虫啉1200～1500倍液或1.5%苦烟合剂苦参碱3000倍液或3%啶虫脒2000～3000倍液。

c.保护天敌，蚜虫的天敌有瓢虫、食蚜蝇、草蜻蛉、寄生蜂等，避免在天敌多的时候喷洒光谱性农药。

d.铲除桃园周边芦苇，减少蚜虫的夏季繁殖场所。

6.山楂叶螨

山楂叶螨又名山楂红蜘蛛。分布很广，遍及南北各地。主要为害桃树叶片。

（1）为害症状

成螨和若、幼螨吸食叶片汁液，叶片受害后，大多先从叶背近叶柄的主脉两侧开始，出现许多黄白色至灰白色失绿小斑点，严重时扩大连成一片，终至全叶呈灰褐色，迅速焦枯脱落。

（2）发生规律

以受精雌螨在树林各种缝隙内及土缝处群集越冬。翌年春天桃树芽膨大露绿时出蛰为害芽，展叶后到叶背为害。

（3）防治方法

a.休眠期防治：结合冬季修剪和刮树皮，彻底剪除枯桩、干橛，刮除粗老翘皮，9月份在树干基部绑草诱集越冬雌成虫，冬季集中烧毁。

b.芽前、花后防治：在山楂叶螨发生量大、为害严重的果园，于芽前（芽开绽前）周到细致地喷洒布波美5度石硫合剂，或在花前或花后喷洒50%硫黄悬浮剂200～400倍液，消灭越冬虫体。

c.生长期防治：5%尼索朗乳油或可湿性粉剂1500～3000倍液，或50%溴螨酯乳油1000倍液等。

三、生态防控措施

1. 绿色防治的必要性

桃园长期使用化学农药防治病虫害，尤其是使用毒性大、残效期长的农药，极易产生许多不良效果，如下所示。

（1）破坏自然平衡，杀伤大量害虫天敌，诱发害虫猖獗

大量试验证实，自然天敌比害虫对农药的敏感性更强，也就是说用药首先是对天敌不利，天敌的基数远不及害虫多，用药对天敌的危险性更大。

（2）连续使用会加大抗药性，防治效果下降

病虫抗药性的形成机理：有些害虫本身具有解毒的酶类物质，当长期单一使用一种药剂，解毒酶活性增强，即产生体内抗药性。生活史短、防治快、数量大、类别多的害虫和病菌中的专性寄生菌更易产生抗药性。这些病虫繁殖迅速，接触药剂机会多，产生抗药性也快。有的害虫在药剂的长期作用下，药剂难以渗透虫体内，从而成为形态保护作用，即表皮抗药性。

（3）污染环境，产生残毒，引起人畜中毒

大多数农药是人工合成的有毒化学物质，投放到环境当中就相当于被认为增加了环境中的有毒物质的成分和含量。农药污染主要包括水生生物、土壤微生物、天敌昆虫及益鸟、益兽、蜜蜂等，并对人类引起急性或慢性中毒，导致各种疾病，甚至死亡。

（4）大幅增加害虫防治费用

由于农药杀害了害虫的大量天敌，而且害虫又不断增加了抗药性，以致原来不需要防治的害虫为害日趋严重，亦不得不用农药防治，且农药浓度和防治次数不断增加，防治费用自然也就不断增加。

2. 防治原则

积极贯彻"预防为主，综合防治"绿色防治原则，以改善果园生态环境、加强栽培管理为基础，优先选用农业措施和生物制剂，注意天敌保护利用，有选择性地使用化学农药，禁止使用毒性高、污染重、残留大的农药，选用长效、

低毒、低残留农药品种。农药使用方法按 GB4285、NY/T393 要求。

3. 防治模式

（1）技术模式

当前上海很多桃园采用"生态调控＋'三诱'技术（色板、杀虫灯、性信息素）＋雄虫迷向＋人工捕杀＋保护利用天敌＋科学用药"的方式进行绿色生态防控，其中更加强调了农业、物理和生物防治，淡化了化学防治，已取得较好效果。

（2）技术路线

以上海地区病虫害的发生特点为依据，全面考虑气候条件与病虫害防治的关系。综合集成农业、物理、生物、化学防治等主要防控手段，达到有效控制农作物病虫害，确保农作物生产安全、农产品质量安全和农业生态环境安全，促进农业增产、增收的目的。一般从下面几个方面考虑。

①确定主要病虫害种类

病虫害种类较多，但能定期发生并造成经济损失的种类并不多。由于上海地理环境条件与其他地区有所不同，病虫害的主要种类也会有所差异，在上海因雨水较多，病害突出，如细菌性穿孔病、褐腐病、炭疽病、流胶病均较为严重，必须加强防治。同时，对害虫也不能忽视，特别是对蚜虫、梨小食心虫、桃蛀螟等进行适时防治，才能获得稳产。

②有效利用害虫天敌控制害虫数量

果园内存在着的天敌资源，是控制害虫数量的有效资源。调查内容包括以下几个方面：调查每种天敌的生活习性、寄主、越冬场所，以便考虑如何促进天敌的自然繁殖和人工繁殖，了解每种天敌的栖息植物，找出天敌足以控制害虫的益害比，制定对天敌保护和利用的具体化措施。

同时，我们也清醒地知道桃树害虫对农药的抗性已成为限制使用农药的主要因子之一。实践证明，在病虫害产生抗药性的同时，天敌也会不同程度地产生抗药性。而且较高剂量的农药能杀死全部害虫，也杀死了全部天敌，但在较低剂量时，只杀死一部分害虫，对天敌影响较小，留下的一部分害虫既可作为天敌食料，又不能造成损失，这是符合害虫的综合治理要求的。

③预测预报

病虫类预测预报是制定防治措施的基础。在主要病虫害种类确定以后，就要对其发生期和发生量进行预测，根据病虫害的发生规律，找出在上海各病虫害的具体发生时期和防治的关键环节，以确定最优防治方法。目前主要采用性外激素进行害虫测报。

a.发生消长规律预测：为了继续对发生时期和发生量进行预测，就要对桃树害虫的实际发生消长情况与性外激素捕获器诱杀消长情况进行调查，找出二者的相关性和一致性。

b.发生期预测：只有做好发生时期的预测，才能有效地进行害虫的防治。所以发生时期的预测也是很重要的。例如，可根据梨小食心虫前一世代的诱杀高峰日来预测下一个世代的诱杀高峰。

c.发生量的预测：由诱杀数量预测被害量，从而决定是否需要防治。如诱杀数→成虫数→被害量等，但这是一个复杂的过程。

4.具体做法

（1）植物检疫

植物检疫是贯彻"预防为主、综合防治"的重要措施之一，凡是从外地引进或调出的苗木、接穗等，都应进行严格检疫，防止危险性病虫害的扩散。

（2）生态调控

农业生态调控防治是综合治理的基础。可以通过一系列的栽培管理技术，改变有利于病虫害发生的环境条件，这对控制病虫害有着重要的作用，能取得化学农药所不及的效果。

①冬季清园

1月底前完成修剪，注重调节树体平衡关系，按树形调节好主侧枝角度，搭好优质稳产树架；树冠覆盖率以70%为宜，不超过75%；结合冬季修剪，剪除往年病枝、虫枝，及时扫除落叶、落果和树枝；刮除主干分枝以下粗皮、翘皮，消灭越冬红蜘蛛、卷叶蛾等害虫越冬虫源。2月中旬前喷施布波美5～7

度石硫合剂消灭梨小食心虫、红蜘蛛、褐腐病等越冬潜伏病虫害。

②深翻土壤

采收后至土壤封冻前，结合施肥，将树干半径内翻耕 5 ～ 15cm 深，以外至全园耕翻 15 ～ 25cm 深，破坏土壤中病虫越冬场所，结合灌水，改良土壤环境，破坏土壤中病虫越冬场所。

③合理施肥

按照周年肥料配比，薄肥勤施，对小弱树、果量大的树适量追施，提高树体抗病虫能力，以有机肥为主，腐熟后使用，适量使用化肥，避免偏施氮肥。采收后按适量比例施用氮磷钾肥（每亩桃园肥料全年所需量：N ： P_2O_5 ： K_2O=12.5kg ： 10kg ： 15kg）。

④树干涂白

秋冬季，刮除粗皮、翘皮后，配置涂白剂对树干涂白，主干涂白高度 60 ～ 80cm，三大主枝以上 10 ～ 15cm，可消灭树干翘皮缝隙中的越冬病虫，同时预防日灼病和冻害，趋避天牛产卵。

⑤铺设地膜

3 月初可在桃园地面铺设地膜，降低地表温度，同时可防止害虫出土上树为害，降低虫口基数。铺设前需先进行果园除草，7 月初撤除。

⑥科学排灌

按照土壤墒情，及时进行排水与灌水；果实成熟前土壤保持干松，提高含糖量；梅雨季节为细菌性穿孔病发病高峰期，注意避免果园积水；台风、暴雨天气过后，注意开沟排水，扫除落叶、落果，及时清除落叶。

⑦清理田园

成熟前在树体上存在的病虫果、叶及时疏除，以减少病源传播；采收结束后对残留在树体上的废袋、病僵果、枯死的枝条、被梨小食心虫等为害的残梢及时进行清理，并刮除病斑，减少越冬基数。

（3）物理防治（三诱技术）

它是根据害虫的习性采取机械方法防治害虫。

①黄板诱蚜

利用蚜虫对黄色趋性，在春季蚜虫田间初见期悬挂黄板，挂于树冠外围朝南中间部位，每1～2株树挂1张。田间发生量较大时应及时更换，注意将被更换的黄板及时清理出园外，避免遗留在园内造成污染。

②杀虫灯诱杀

使用杀虫灯诱杀鳞翅目、鞘翅目等害虫。4月底至10月底，每日傍晚开灯、清晨关闭，20～30亩安装1盏（20W）。每周清理1次收集袋中虫体，6—8月诱杀高峰期每周清理2次。

③性诱防治

a. 性信息素诱捕器诱杀：5月初设置性信息素诱捕器诱杀桃潜叶蛾、桃蛀螟、梨小食心虫等鳞翅目害虫雄虫，可选用船形、三角形或水盆诱捕器，每亩悬挂2～3个，安装高度距离地面1.5m，每月更换1次诱芯，清除诱捕器内虫体，安装不同害虫诱芯后需洗手，避免污染。性诱防治至10月中旬连续3天未诱到雄虫时结束。

b. 雄虫迷向：3月末至4月初梨小食心虫越冬待成虫羽化出土前，在桃树树冠的上1/3处的树枝上拧挂240mg/条梨小食心虫性迷向丝，可持续对各代雄成虫产生迷向作用，降低成虫交配概率，压低前期虫量，进而减轻幼虫对桃梢、桃果为害，持效期可达4个月，推荐使用密度为33条/亩。

c. 糖醋液诱杀：许多成虫对糖醋液有趋性，因此，可将糖醋液盛在水碗或水罐内即制成诱捕器，将其挂在树上，每天或隔天清除死虫。

④人工捕杀

6月中下旬桃红颈天牛成虫发生期开展人工捕杀；在幼虫为害阶段，根据枝上及地面蛀屑和虫粪找出被害部位，用铁丝将幼虫刺杀后，用药液封口。

⑤保护利用天敌的做法

a. 生草栽培：行间生草栽培，以白三叶、苜蓿草为主，播种量约2kg/亩，可减少果园水分蒸发，降低地表温度，同时为天敌昆虫栖息繁殖提供庇护场所。每次草高达20～30cm时刈割1次，留草高10cm左右为宜。铲除深根、高秆等恶性杂草。

　　b. 多样化栽培：桃园周边可酌情种植储蓄植物，如向日葵、玉米，可诱集桃蚜蝽为害，同时其上害虫如粉虱、蚜虫，可为小花蝽、瓢虫、草蛉等天敌提供食源，有利于培育繁殖害虫天敌。

　　（4）各种防治方法的综合运用及联防联治

　　在进行绿色生态防控时，要综合利用各种防治方法。因为一种害虫有不同的虫态，它们的生活习性和生活环境可能大不相同，单靠一种方法往往不能控制害虫发生。在生产上，需要防治的主要害虫也不是一种，而是几种。因此，在制定防治方案时，要认真分析各种害虫的共性和个性，根据其生活习性、为害特点、时期来决定采取哪些防治措施。在一个果园中具体用哪些方法，要根据实际需要而定。

　　目前，我国桃树大都是一家一户为单位经营管理的，在病虫害防治中必须统一行动，联防联动。病虫害防治时建议专病专防，每次喷药时农药种类不要过多，以防产生药害；同时掌握好混用农药的酸、碱性，以防降低药效。